生态学野外综合实习

Integrated Fieldwork Practice in Ecology

主　编　冯兆忠

副主编　尚　博　徐彦森

李　鹏　王锦旗　等

科 学 出 版 社

北　京

内 容 简 介

本书是一本结合理论、技术和实践的实习教材，围绕庐山实习区展开案例分析，详细介绍了生态学野外实习的基本操作流程，以及各类环境因子、植物、动物、土壤等方面的实习调查与分析技巧。具体内容包括实习前的准备工作、气象因子的观测、植物物种识别、植物功能性状调查、植物群落基本特征调查和动物多样性调查，以及土壤、土壤动物、森林水文、涡度通量测量等多个生态学领域的实际调查技术与数据分析方法。此外，书中还介绍了现代技术如无人机在生态调查中的应用，加深学生对新兴技术在生态学研究中应用的理解。每章均精心设计了野外实习试验，进一步丰富实习课程的内容。

本书旨在为生态学、地理学、生命科学、环境科学、林学、农学等相关专业的本科生提供野外实习指导。同时，本书也可为生态学及相关专业人员开展野外调查与工作提供参考。

图书在版编目（CIP）数据

生态学野外综合实习 / 冯兆忠主编. — 北京 : 科学出版社, 2025. 6. — ISBN 978-7-03-082540-7

Ⅰ. Q14-45

中国国家版本馆 CIP 数据核字第 2025P13C42 号

责任编辑：蒋 芳 沈 旭 李嘉佳 / 责任校对：宁辉彩
责任印制：张 伟 / 封面设计：许 瑞

科学出版社 出版

北京东黄城根北街 16 号
邮政编码：100717
http://www.sciencep.com

北京汇瑞嘉合文化发展有限公司印刷
科学出版社发行 各地新华书店经销

*

2025 年 6 月第 一 版 开本：787×960 1/32
2025 年 6 月第一次印刷 印张：7 3/4
字数：180 000

定价：69.00 元

（如有印装质量问题，我社负责调换）

前　言

生态学作为研究生物与环境相互关系的科学，对于实现可持续发展、促进生态文明建设具有至关重要的作用。在当前全球环境问题日益严峻，尤其是我国在实现“双碳”目标的过程中，生态学的实践和应用变得更加紧迫和重要。生态学不仅为解决气候变化、生态修复和资源合理利用提供了科学依据，也在推动国家生态文明建设中发挥着不可替代的作用。因此，培养具备扎实生态学基础、掌握前沿研究方法的专业人才，是当前时代的迫切需求。

在生态学研究中，野外实习是不可或缺的重要组成部分。通过野外调查，学生能够深入真实的野外生态环境，掌握生态学的基本研究方法与技能，培养观察、分析和解决实际问题的能力。野外试验不仅是生态学调查的重要手段，也是验证和完善理论研究的关键环节。因此，我们召集了一批活跃在教学和科研一线、具有丰富实习教学经验的教师，编写了本书。本书详细介绍了生态学野外实习的具体操作流程、实地调查的技术手段和数据分析的方法。首先，书中介绍了实习前的准备工作和实习区概况，为学生提供了扎实的理论基础与实地调研的背景知识。其次，书中介绍了气象因子观测、植物物种识别、植物功能性状调查、植物群落基本特征调查与动物多样性评估、土壤、土壤动物及森林水文调查等野外观测方法，帮助学生全面了解生态系统中各要素的监测与分析方法。此外，书中特别介绍了涡度通量测量技术和无人机技术在现代生态学研究中的应用，使学生能够接触并掌握前沿科技手段，拓宽研究视野。本书可作为生态学等相关专业的本科生实验和实习课程的教材。

本实习教材由冯兆忠、尚博、徐彦森、李鹏和王锦旗等编著，全书由冯兆忠统稿、定稿。各章撰稿人分工如下：第 1 章为沈李东；第 2 章为方超；第 3 章为尚博；第 4 章为夏围围；第 5 章为方超；第 6 章为刘蕾；第 7 章为李鹏；第 8 章为王锦旗；第 9 章为张彬和李鹏；第 10 章为韩王亚；第 11 章为徐彦森；第 12 章为余振。

在本书的编撰历程中，南京信息工程大学给予了慷慨的支持，对此我们深表感激。同时，本书的完成也得益于对众多相关著作、论文及资料的参考，在此一并致以诚挚的谢意。尽管我们在构建教材内容与体系架构时力求创新，但仍难免存在不足之处，且所有内容尚需教学实践的验证。我们诚挚邀请各位专家、学者及广大读者不吝赐教，提出宝贵的意见和建议，以便我们对书中的内容进行持续的调整与优化。

编　者

2024 年 12 月

目 录

第 1 章
绪　论

1.1　开展野外实习的必要性

生态学强调解决实际问题，野外综合实习可以培养学生的实际操作能力、独立思考和解决问题的能力。同时，生态学与其他学科密切相关，野外实习提供了跨学科学习的机会。生态学野外综合实习包括植物学、动物学、土壤学、气象学等相关学科的知识，通过实习，能促使学生综合运用各学科的知识。

庐山野外实习是一次涉及多学科的综合性实践教学活动。通过对庐山地域的各种自然生态现象和人文现象的观察和分析，研究区域地质、地貌、水文、气象、生态环境及景观特征等，可锻炼学生如下能力。首先，可帮助学生建立正确的科学观和思维方法。其次，提高学生观察问题、分析问题、解决问题能力以及独立工作能力。考查学生对野外获取的第一手调查信息资料进行归纳总结、综合分析的能力，从而深化相关理论的学习。

当前，包括南京大学、北京师范大学、华东师范大学、武汉大学、南京农业大学、南京信息工程大学、南京师范大学在内的多所高等院校均在庐山组织野外实习活动。实地学习活动不仅显著提升了学生的实践操作能力，还增强了他们的团队合作精神，为培育杰出专业人才奠定了坚实的实践基石。

1.2 实习准备

1.2.1 实习动员大会

（1）介绍庐山基本情况和实习目的。

（2）介绍实习内容和实习线路。

（3）介绍人员组织安排和实习计划。

（4）强调实习要求和注意事项。

1.2.2 实习材料的准备

（1）实习资料，如参考教材、地形图和实习手册

（图 1.1）等。

图 1.1　南京信息工程大学庐山野外综合实习手册

（2）实习器材，如样方绳、生长锥、罗盘、地质锤等（图 1.2）。

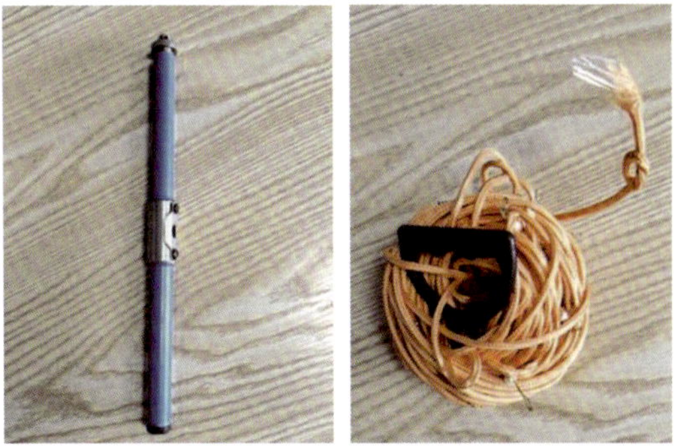

图 1.2　生长锥、样方绳、罗盘

（3）实习耗材，如标本夹、吸水纸、白乳胶、自封袋、小铁铲、挂签和野外记录本等。

1.3　实 习 要 求

（1）必须按实习教学要求的时间、地点完成相应的实习内容，实习期间要认真完成实习工作任务，做好记录，并按要求及时撰写实习报告。

（2）必须遵守实习期间制定的作息时间安排，按实习期间规定的时间，准时到指定地点集结，不得单独外出活动。

（3）必须遵守相应的法律法规，实习期间，严禁到江、河、湖、海、水库等处游泳、戏水，严禁酗酒、打架斗殴。

（4）必须注意饮食、饮水、用车、用电安全，实习期间应尊重当地工作人员，服从指挥，讲文明、懂礼貌，维护团结。

1.4　实习规范

（1）强化纪律意识：在野外考察及学习的全过程中，一切行动听从指挥，做到不随便单独活动。

（2）强化安全意识：野外实习，安全第一位，要着重加强学生的安全教育，包括生命安全和财产安全，提高学生的安全防范意识。

（3）强化学习意识：野外实习是理论联系实际，巩固和加深课堂教学内容的重要环节，因此思想上要做好吃苦受累准备，须保质保量完成实习内容。

（4）强化合作意识：野外实习不是单兵作战，要有合作意识和集体观念，很多实验项目需要分工协作，共同完成。

第 2 章

实习区庐山介绍

庐山位于中国长江中下游南岸，北临长江，东傍鄱阳湖，地处江西省九江市东南部，其地理环境得天独厚，形成了独特的自然美景，也孕育了丰富的自然资源。庐山的自然美与人文历史相互辉映，形成了具有重大美学价值的文化景观。这一景观不仅与中华民族精神和文化生活紧密相连，也体现了人与自然和谐共生的理念。

2.1 地理环境

庐山位于 115°52′E～116°08′E，29°26′N～29°41′N，地处中亚热带向北亚热带过渡的湿润气候区，光照充足，全年平均气温 11.5℃，年平均相对湿度 75%。庐山的年降水量可达 1950～2000 mm，雨量充沛、气候温和宜人，而山下的九江市年降水量则为 1400 mm 左右，水热状况存在垂直分异，其气候具有明显山地气候的特点。充沛的降水，巨大高度落差，形成了庐山地域的独特性，具有河流、湖泊、坡地、山峰等多种地貌。

庐山的地形成因是断裂抬升形成的断块山，山体经过了一系列的地质事件，如震旦纪的地质变迁、新近纪的喜马拉雅造山运动，使得山体区域成为断块状崛起。整个山体广布断层崖、宽谷和峡谷，外围则有阶地和谷阶发育。周围断层颇多，特别是东南部和西北部，呈东北—西南走向的断层规模较大，由这种断层块构造而形成的山体，多奇峰峻岭，悬崖峭壁，千姿百态，雄伟壮观、气象万千。第四纪以来的新构造运动对庐山土壤的形成和分布产生深刻的影响，从山麓到山顶依次分布有红壤、黄壤、山地黄壤、山地黄棕壤、山地棕壤、山地草甸土等。

2.2　自然资源

庐山以山地和丘陵为主，丰富的生态多样性和良好的栖息生境为各类野生动物提供了合适的繁衍生息条件，孕育着丰富的野生动物。庐山区域已记录有脊椎动物 400 余种，节肢动物 2000 余种，其中发现兽类 33 种，鸟类 171 种，包括金钱豹、云豹、黑麂、白颈长尾雉、中华穿山甲等国家一级重点保护野生动物，以及白鹇、大鲵、雕鸮、领角鸮、苍鹰、红隼、斑头鸺鹠等 40 余种国家二级重点保护野生动物。庐山其他常见或易见的鸟类还有山斑鸠、红翅凤头鹃、小杜鹃、大杜鹃、三宝鸟、大拟啄木鸟、绿鹦嘴鹎、黑短脚鹎、虎纹伯劳、北红尾鸲、紫啸鸫、棕颈钩嘴鹛、红嘴相思鸟、松鸦、红嘴蓝鹊、大嘴乌鸦、三道眉草鹀等。鄱阳湖还有世界著名的候鸟保护区，候鸟达 100 余万只，其中有世界最大的大白鹤群，占世界白鹤总数的 95%。珍稀动物金钱豹分布于山麓、山顶。景区昆虫有 2000 余种，其中多珍稀品种和新种，首次在庐山发现或以庐山（牯岭）命名的昆虫有 33 种。

庐山植物有 210 科、759 属、1720 种，是一座天然的植物园。庐山种子植物可划分为 15 个类型，17 个变型（表 2.1）。庐山的外来植物现有 448 种，分属 89 科 309 属，其中菊科、豆科、松科、禾本科和茄科约占庐山外来植物总数量的 35.9%（表 2.2）。庐山地带性植被为常绿阔叶林，植被的垂直分布在海拔 700 m 以下主要为常绿阔叶林带；海拔 700～1000 m 为常绿落叶阔叶混交林带；海拔 1000 m 以上为落叶阔叶林带。森林覆盖率达 76.6%。常绿阔叶林带由于人类活动的干扰、破坏比较严重，仅存小片分布。在海拔 800 m 以上主要为黄山松林。不同树种的重要值具有明显的垂直梯度变化（表 2.3）。景区内属国家珍稀濒危的植物有香果树、连香树、木莲、鹅掌楸、金钱松、银杏、杜仲、银鹊树、紫茎、天目紫茎、天竺桂、庐山厚朴、庐山黄杨、药百合等 40 余种。

表 2.1　庐山种子植物属的分布区类型（万慧霖，2008）

序号	分布区类型	庐山		中国	
		属数/个	比例/%	属数/个	比例/%
1	世界分布	70	9.22	104	3.33
2	泛热带分布	123	16.21	316	10.14
2-1	热带分布、太平洋和中、南美或墨西哥间断分布	5	0.66	17	0.55
2-2	热带亚洲、非洲和中、南美洲间断分布	5	0.66	29	0.93
3	热带亚洲和热带美洲间断分布	12	1.58	62	1.99
4	旧世界热带分布	37	4.87	147	4.72
4-1	热带亚洲、非洲和大洋洲间断分布	4	0.53	30	0.96
5	热带亚洲至热带大洋洲分布	30	3.95	147	4.72
5-1	中国西南亚热带和新西兰间断分布	0	0.00	1	0.03
6	热带亚洲和热带非洲分布	16	2.11	149	4.78
6-1	华南、西南到印度和热带非洲间断分布	0	0.00	6	0.19
6-2	热带亚洲和东非或马达加斯加间断分布	2	0.26	9	0.29
7	热带亚洲印度-马来西亚分布	43	5.67	442	14.18
7-1	爪哇、喜马拉雅间断或星散分布到华南、西南	4	0.53	30	0.96
7-2	热带印度到华南分布	2	0.26	43	1.38
7-3	缅甸、泰国到华西南分布	2	0.26	29	0.93
7-4	越南或中南半岛至华南或西南分布	4	0.53	67	2.15
8	北温带分布	109	14.36	213	6.84
8-1	环北极分布	0	0.00	10	0.32
8-2	北极-高山分布	0	0.00	14	0.45

续表

序号	分布区类型	庐山		中国	
		属数/个	比例/%	属数/个	比例/%
8-3	北极-阿尔泰和北美洲间断分布	0	0.00	2	0.06
8-4	北温带和南温带全温带间断分布	32	4.22	57	1.83
8-5	欧亚和南美洲温带间断分布	1	0.13	5	0.16
8-6	地中海区、东亚、新西兰和墨西哥到智利间断分布	0	0.00	1	0.03
9	东亚和北美洲间断分布	60	7.91	123	3.95
9-1	东亚和墨西哥间断分布	1	0.13	1	0.03
10	旧世界温带分布	37	4.87	114	3.66
10-1	地中海区、西亚和东亚分布	8	1.05	25	0.80
10-2	地中海区和喜马拉雅间断分布	1	0.13	8	0.26
10-3	欧亚和南非洲有时也在太平洋洲间断分布	5	0.66	17	0.55
11	温带亚洲分布	10	1.32	55	1.77
12	地中海区、西亚至中亚分布	1	0.13	152	4.88
12-1	地中海区至中亚和南非洲、大洋洲间断分布	0	0.00	4	0.13
12-2	地中海区至中亚和墨西哥间断分布	0	0.00	2	0.06
12-3	地中海区至温带、热带亚洲、大洋洲和南美洲间断分布	2	0.26	5	0.16
12-4	地中海区至热带非洲和喜马拉雅间断分布	0	0.00	4	0.13
12-5	地中海区-北非洲、中亚、北美西南部、智利和大洋洲（泛地中海）间断分布	0	0.00	4	0.13
13	中亚分布	1	0.13	69	2.21
13-1	中亚东部分布	0	0.00	12	0.39
13-2	中亚至喜马拉雅和西藏分布	0	0.00	26	0.83
13-3	西亚至西喜马拉雅和西藏分布	0	0.00	4	0.13

续表

序号	分布区类型	庐山		中国	
		属数/个	比例/%	属数/个	比例/%
13-4	中亚至喜马拉雅-阿尔泰和太平洋美洲间断分布	0	0.00	5	0.16
14	东亚分布	49	6.46	73	2.34
14-1	中国-喜马拉雅分布	15	1.98	141	4.53
14-2	中国-日本分布	44	5.80	85	2.73
15	中国特有分布	24	3.16	257	8.25
合计		759	100	3116	100

表 2.2　庐山外来植物科的种类组成（吴雪惠等，2021）

序号	科名	种数	序号	科名	种数
1	菊科 Compositae	69	7	柏科 Cupressaceae	15
2	豆科 Leguminosae	32	8	唇形科 Lamiaceae	14
3	松科 Pinaceae	25	9	苋科 Amaranthaceae	14
4	禾本科 Gramineae	19	10	大戟科 Euphorbiaceae	12
5	茄科 Solanaceae	16	11	石竹科 Caryophyllaceae	11
6	百合科 Liliaceae	15	12	其他 Others	206

表 2.3　群丛乔木层、灌木层和更新层不同生活型物种重要值的垂直梯度变化（万慧霖，2008）（单位：%）

海拔/m	常绿阔叶树			落叶阔叶树			常绿针叶树		
	乔木层	灌木层	更新层	乔木层	灌木层	更新层	乔木层	灌木层	更新层
200	65.62	80.00	94.79	34.38	20.00	5.21	0.00	0.00	0.00
250	81.87	71.83	91.10	0.00	11.22	8.90	18.13	16.95	0.00
300	66.78	95.15	98.18	24.59	4.85	1.82	8.63	0.00	0.00
350	96.42	100.00	100.00	3.58	0.00	0.00	0.00	0.00	0.00

续表

海拔/m	常绿阔叶树			落叶阔叶树			常绿针叶树		
	乔木层	灌木层	更新层	乔木层	灌木层	更新层	乔木层	灌木层	更新层
400	85.99	89.40	88.37	9.47	10.60	11.63	0.00	0.00	0.00
450	72.28	76.55	100.00	19.58	23.45	0.00	8.14	0.00	0.00
500	37.70	61.54	89.94	54.94	38.46	10.06	7.36	0.00	0.00
550	69.09	70.00	70.00	22.47	30.00	25.00	8.44	0.00	5.00
600	31.82	39.05	93.75	64.84	60.95	1.79	3.35	0.00	4.46
650	0.00	34.62	18.06	100.00	62.29	81.29	0.00	3.10	0.65
700	10.88	37.99	80.95	89.24	62.01	16.67	0.00	0.00	2.38
800	26.26	40.86	64.08	73.74	59.14	16.20	0.00	0.00	19.72
900	35.87	27.65	81.97	64.13	72.35	17.49	0.00	0.00	0.55
950	16.83	21.57	86.96	73.64	78.43	11.30	9.53	0.00	1.74
1000	11.58	66.36	33.02	88.42	33.64	66.98	0.00	0.00	0.00
1050	6.02	15.85	3.47	89.97	84.15	96.53	4.02	0.00	0.00
1150	0.00	5.78	0.18	100.00	94.22	99.82	0.00	0.00	0.00
1200	0.00	0.00	10.00	93.93	100.00	90.00	6.07	0.00	0.00
1250	0.00	0.00	12.50	100.00	100.00	87.50	0.00	0.00	0.00
1350	0.00	0.00	0.00	21.48	58.31	100.00	78.52	41.69	0.00

2.3 人文历史

庐山又称匡山、匡庐，地处江西省北部，东依婺源鄱阳湖，南靠南昌滕王阁，西邻京九大动脉，北枕滔滔长江。庐山多峭壁悬崖，常年瀑布飞泻、云雾缭绕，险峻与柔丽相济，大山、大江、大湖浑然一体。以“奇、秀、险、雄”闻名于世，自古享有“匡庐奇秀甲天下”之盛誉。联合国教育、科学及文化组织也在考察庐山时给予高度评价：“在中国很难再找到一处像庐山这样丰富的文化背景和美丽的自然环境并存的世界名胜”。庐山风景是以山水景观为依托，渗透着人文景观的综合体。庐山，通过诗人、书画家、文学家、哲学家们的心灵审视，创造出众多散发着特别浓郁人文氛围的历史遗迹。文人墨客对庐山抒情写意，浓墨重彩，使庐山积淀了丰富的文化内涵。

庐山山水文化，是中国山水文化的精彩折射和历史缩影。庐山的自然，是诗化的自然，亦是“人化”的自然。自东晋以来，诗人们歌咏庐山的诗词歌赋有 4000 余首。东晋诗人谢灵运的《登庐山绝顶望诸峤》与南朝诗人鲍照的《望石门》等作品，是中国较早的山水诗代表之一，使庐山成为中国山水诗的重要发源地之一。诗人陶渊明一生以庐山为背景进行创作，他所开创的田园诗风，影响了他以后的整个中国诗坛。唐代诗人李白，五次游历庐山，为庐山留下了《庐山谣寄卢侍御虚舟》等 14 首诗歌，他的《望庐山瀑布》同庐山瀑布千古长流，在中华大地及海外华人社会中家喻户晓，成为中国古代诗歌的极品。白居易也曾在如琴湖畔写下“人间四月芳菲尽，山寺桃花始盛开”的优美诗句，成为唐人绝句中的珍品。宋代诗人苏轼的《题西林壁》，流传广泛，影响深远，“横看成岭侧成峰，远近高低各不同。不识庐山真面目，只缘身在此山中”，不仅反映庐山地质地貌状况，更成为充满辩证哲理的名句。山水文化，是人们以自然山水为素材而创造的精神成果。山水文化是中国传统文化的重要组成部分，是中华民族在认识、改造客观世界和自身的过程中辟出的一片壮丽天地，亦是构成中华民族形象的重要精神支柱。

第 3 章

气象因子测定

气象因素是生态系统中各种生物赖以生存的基础，直接或间接地影响着生物的生长、发育、繁殖及分布等。光、温、水、风等气象因子对植物生长、类型和分布起直接作用，有的气象因子也通过改变环境因子而对生物产生间接影响（冯兆忠等，2021）。如光照条件不仅直接影响植物的光合作用，还能通过改变温度，间接影响植物的其他生理过程，有时甚至会对整个地区的生态系统格局产生深远影响。因此，在生态学野外实习中，有针对性地对气象环境因子进行观测和研究具有重要意义。本章旨在通过测定光合有效辐射、空气温度和湿度、降水量、风速和风向等气象因子，让学生掌握这些气象因子的测定方法，并深入认识生物与气象因子之间的相互关系。

3.1　气象因子观测目的及其生态意义

气象因子观测有利于深入理解气候对生态系统的影响，监测和预测气候变化，评估生态系统服务，支持生态模型的建立，并指导自然资源管理。通过观测气象因子，我们可以了解它们如何影响植物的生长、动物的分布和行为，以及生态系统的整体功能。长期气象数据的收集有助于监测气候变化趋势，预测未来气候变化对生态系统可能产生的影响，并为林业、农业、水资源管理等提供科学依据。同时，气象因子的观测数据也有助于提前预警和评估自然灾害的风险（国庆喜等，2010）。下面将列举关键气象因子的生态学意义。

（1）辐射是能量的一种形式，太阳辐射不同波段的光对植被的光合作用、生长发育所起的作用不同。因此，光合有效辐射是评估生态系统光合作用变化、碳收支变化的重要数据来源，具有重要的生态意义。

（2）空气温度是表示大气冷热程度的物理量，简称气温。温度是影响生物生长发育最重要的环境因子，生物体在不同的生长发育阶段，会受到下限温度、最适温度和上限温度这三个关键温度点的影响，同时生长发育完成需要温度累积到一定程度。因此，根据环境温度选择适宜的作物，使其光合最适温度与环境温度大体一致，对于作物生产具有非常重要的意义。

（3）水汽也是大气中唯一在大气温度变化范围内可以发生相变的成分，也是一种重要的温室气体。水汽在天气系统形成、气候变化、地气系统能量交换和水分循环中扮演着非常重要的角色。空气湿度直接影响植物的蒸腾作用、气孔的开闭等生理过程。

（4）降水是指在大气中冷凝的水汽以不同方式下降到地球表面的天气现象，降水直接影响土地植被的生长状况。适中的降水量可以为植物提供足够的水分，然而，如果降水过多或过少，都会对植被生长产生负面影响。

（5）风是表征气流运动的物理量，风向和风速在短时间内呈不规则的变化。风会影响植物表型结构，改变植物的生长速率和叶片形态。适当的风速能促进植物和土壤与大气之间的物质和能量交换，但风速过大，超出植物的承受能力，则会对植物造成损害，抑制植物生长。

3.2　气象因子主要观测设备及使用方法

3.2.1　光合有效辐射

光合有效辐射可用仪器直接测定，包括手持式光合有效辐射测量仪以及光合有效辐射传感器（图 3.1）。对于光合有效辐射常用光合光子通量密度（photosynthetic photon flux density，PPFD）度量其辐射强弱，单位为 mol/（m^2·s），可以测定 400～700 nm 的光合有效辐射。光合有效辐射传感器采用高精度的光电感应元件，当有光照时，产生一个与入射辐射强度成正比的电压信号，并且其灵敏度与入射光的直射角度的余弦成正比。光合有效辐射传感器应向上水平安装，并牢固安装在专用的支架上，要求仪器上方不能有任何障碍物。手持式光合有效辐射测量仪将光合有效辐射探头整合到测量仪的顶部，无须外接其他探头即可对光合有效辐射进行实时测量，它体积小巧，携带非常方便。

图 3.1　光合有效辐射传感器

图片由航天新气象科技有限公司提供

3.2.2　空气温度和湿度

常见的空气温度测量方法有：①干球温度法；②湿球

温度法；③红外线测温法；④热电偶法。热电偶法是目前野外应用比较广泛和方便的利用热电效应来测量空气温度的方法。热电偶是一种由两种不同金属组成的电偶，当这两种金属的接触点处存在温度差时，就会产生电势差。热电偶法通常使用热电偶测温仪进行气温测量。在测量过程中需要注意热电偶的材料和制造工艺对测量结果的影响。

目前通常用相对湿度（RH）表示空气湿度，其是指空气中的实际水汽压与同温度下的饱和水汽压的比值，常用%表示。常见的空气湿度测量方法有：①双压法、双温法；②静态法中的饱和盐法；③露点法；④电子式湿度传感器法。近年来国内外在湿度传感器研发领域取得了长足进步，电子式湿度传感器产品及湿度测量方法被广泛应用。

用于测定气温和湿度的设备被统一安置在地面气象观测场的百叶箱内。为了有效减少日射的影响，百叶箱的内外表面均涂成了白色，从而赋予其出色的反射能力。百叶箱被牢固地水平安装，主要功能是防风、防雨和防辐射，同时确保良好的通风透气性能。目前，空气温湿度传感器已广泛应用于空气温湿度的直接测量（图 3.2）。这些传感器需要安装在防辐射罩内，通常采用的是 6 片式防辐射罩，当然，其他类型的防辐射罩也同样适用，其主要目的是减少辐射对传感器升温的影响。为了确保传感器元件周围的空气能够充分交换，并降低过滤器帽内凝结的可能性，还进行了相应的优化设计。此外，便携式空气温湿度计也是当前生态学野外实习中常用的设备之一，它操作简便、读数直观，并且大多数都具备数据存储功能，能够记录一段时期内的监测结果，方便后续定期下载和分析。

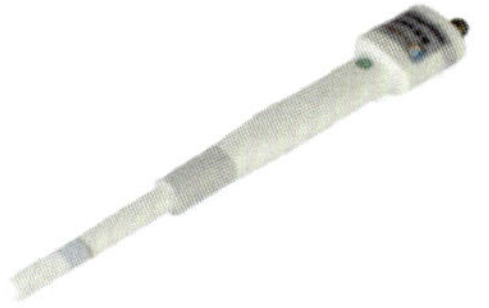

图 3.2　空气温湿度传感器（左）及防辐射罩（右）
图片由航天新气象科技有限公司提供

3.2.3　降水

降水观测包括降水量观测和降水强度观测，观测时还要记录降水的起止时间和种类。通常，降水量的观测采用雨量器来测量，而降水量和降水强度的连续观测记录则通过使用翻斗式遥测雨量计或虹吸式雨量计来实现。雨量筒是一种金属圆筒形的雨量测量工具。在我国，常用的雨量筒筒口直径为 20cm，其结构主要包括接雨的漏斗口、用于收集雨量的储水瓶以及外套筒，并配备有专门的量杯。而翻斗式遥测雨量计则能够测量并记录液体降水量、降水的起止时间以及降水强度。该设备采用有线遥测技术，观测十分便捷。其承水口径同样为 20cm，测量的最小分度可达 0.1mm（图 3.3），因此在当前得到了广泛的应用。

雨量器应安放在观测场内固定的架子上，筒口距地面70cm，并应保证水平放置和正圆形。每天 8 时、20 时观测前 12 小时的降水量。夏天天气炎热，在阵性降雨后，为防止蒸发应在降水停止后立即进行补充观测。对于液体降水，测量其高度（mm）；对于固体降水，则称其质量，等融化后，再测量其高度。

图 3.3　翻斗式遥测雨量计（左）和翻斗雨量站（右）
图片由航天新气象科技有限公司提供

3.2.4　风

常用的风速风向测量仪器设备包括电接风向风速仪、EN 型测风数据处理仪以及轻便三杯风向风速仪。其中，轻便三杯风向风速仪是一种用于测定风向和 1min 平均风速的仪器，既适用于野外流动观测，也可作为台站备份仪器使用。该仪器由风向部分、风速部分和手柄部分组成。

在使用轻便三杯风向风速仪进行观测时，应将其带至相对空旷的地方，由观测者手持仪器，使其高出头部并保持垂直状态。同时，要确保风速表刻度盘与当时的风向平行，观测者则应站在仪器的下风方向。然后，按照仪器的操作要求，依次启动方位盘的制动小套管和风速按钮，进行风向和风速的观测。

目前，风速风向传感器（图 3.4）已得到广泛应用，其将风杯与风向标整合为一体，不仅减小了体积，还降低了两者之间的相互影响，从而确保了测量数据能够准确反映当前的风力状况。为了保证测量的准确性，传感器应远离任何可能引发湍流的障碍物，如建筑物、树木和大型设备等。同时，传感器也应远离热源，以避免温度对测量结果的影响。在安装过程中，必须确保风速传感器与支架或杆件稳固连接，安装应牢固可靠。连接传感器和支架或杆件时，应使用合适的工具和固定装置，并确保螺栓紧固或螺钉拧紧，以防止传感器因震动而松动。

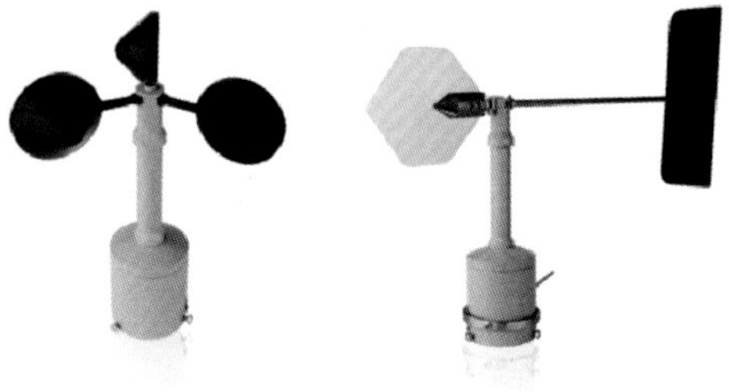

图 3.4　风速（左）和风向（右）传感器

图片由航天新气象科技有限公司提供

3.2.5　自动监测仪器

目前，全自动气象站（图 3.5）在气象因子观测中应用最为广泛。它将用于监测各种环境因子的电子传感器通过特制电缆连接到数据采集器（data logger）上，并存储传感器传来的信息，这些信息包括辐射、空气温湿度、降雨量以及风向风速等。用户可以根据实际需求设置接收数据的间隔时间，既可以选择每 15 秒接收一次数据，也可以设置为每天接收一次数据。此外，数据采集器还能进行包括最大值、最小值、平均值在内的简单计算，以及更复杂的运算和存储。数据可通过传输线直接下载到计算机中。目前，还有太阳能自动气象站，它能够在无人值守的恶劣环境下全天候全自动正常运行。

图 3.5　全自动气象站

图片由航天新气象科技有限公司提供

3.3　气象因子观察和分析

3.3.1　不同海拔和不同生境下气象因子差异对比

1. 目的与意义

在局地范围内，不同海拔和生境因下垫面性质的差异，形成了各自独特的气候条件。因此，在这些多样化的海拔和生境中观测空气温度、湿度、风速、风向及辐射等气象要素，具有至关重要的意义。植物群落与环境之间存在着紧密的相互作用，它们共同构成一个统一的整体，进而塑造出群落特有的内部环境。通过测定不同海拔和不同群落中主要气象因子的变化，我们能够深入洞察群落与环境之间的内在联系和相互作用机制，以及生物与环境之间的协同演化关系。

2. 实习内容

（1）在庐山选取不同海拔的样点，于同一时间段内，分别采用手持式光合有效辐射测量仪、空气温湿度仪以及便携式风速风向仪，对各样点的光合有效辐射、空气温度与湿度、风向与风速进行测量。每个地点至少进行 3 次测量，以比较不同海拔下气象因子的数值变化。在上午 7 时至下午 19 时的时间段内，每隔 2 小时对各海拔样点的气象因子进行重复测量，详细记录并比较其数值变化，进而分析不同海拔下的日变化规律。同时，观察不同海拔区域植物生长状况及叶片形态的异同，并探究其与不同海拔气象因子之间的内在联系。

（2）在庐山选取一处常绿阔叶林样地，从林地中心向林缘以尽量等距离的方式选取 5 个地点，并在林外空旷裸地与背阴裸地各选取 1 个地点，共计 7 个地点。在以上 7 个地点，于距地面 1.5m 高处，分别使用相应仪器测量各点的光合有效辐射、空气温度与湿度、风向与风速，每个地点至少测量 3 次。将测量得到的数值详细记录至气象因子观测记录表（表 3.1）中，并对比不同地点（包括林内与林外）的气象因子数值变化。

表 3.1　气象因子观测记录表（示例）

地点：________海拔：________生境类型：________植被状况：________

班级：________组别：________记录人：________日期：________

时间	天气	光合有效辐射/[mol/（m^2·s）]	空气温度/℃	空气湿度/%	风向	风速/（m/s）

3.3.2　气象因子周期性日变化观测

1. 目的与意义

通过全自动气象站对上述气象因子（涵盖辐射、空气温度、空气湿度、风向、风速及降水）进行观测，在此过程中熟悉气象数据的采集流程，并对采集到的有效数据进行系统整理。通过这一过程，深入了解特定范围内的气象状况及其变化规律，同时掌握气象资料收集与整理的科学思维方法。

2. 实习内容

（1）下载实习区域气象站的观测数据，并选取实习期间不同天气条件（如晴朗、多云、降雨等）下的数据进行分析，以探究气象因子的日变化特征。具体而言，通过分析每天的最高和最低温度数据，可以了解气温的日变化模式；研究每天的相对湿度数据，能够揭示湿度的变化规律；考察每天的平均风速和风向数据，则有助于掌握风的强度和风向的变化特征；同时，还需观察降水的强度及降水量数据，以全面把握气象状况。

（2）使用便携式气象因子观测仪（例如手持式光合有效辐射测量仪、空气温湿度仪、便携式风速风向仪），在一天的不同时段（如早上、中午和晚上），对同一地点的气象因子进行测量，并将测量结果记录于气象因子观测记录表中（表 3.1），比较不同时间的数值变化，分析气象因子的日变化特征，并理解其生态意义。

第 4 章

植物物种识别与调查分析

植物物种识别是生态学实习过程中一项重要的实践技能。通过观察和识别植物形态学特征，能够有效地鉴定不同植物物种，掌握并区分植物各大类群中常见科、属的主要特点。这一技能有助于深入了解实习地区的植物物种组成、功能和分布特点，进而开展植物物种和群落多样性调查分析。

4.1　植物形态识别与描述

不同植物科、属具有各自独特的形态特征，且生长状况受到环境因素的影响。实习中可根据植物的茎、叶、根、花、果等器官形态进行识别、分类，并据此开展生态调查分析。

4.1.1 叶的识别

叶的识别，一般根据叶的类型、叶序、叶片形态等特征来辨别。叶的类型主要分为单叶和复叶。单叶是指在一个叶柄上只生有一个叶片的叶。复叶是由单叶的叶片分裂而形成的叶。根据小叶在叶轴上排列方式和数目的不同，复叶又可分为羽状复叶、掌状复叶、三出复叶、单身复叶等（图 4.1）。常见的叶序有互生、对生、轮生、基生、簇生等（图 4.2）。

图 4.1　叶的类型

作者整理，图片来源：Wikimedia Commons

图 4.2　叶序的类型

作者整理，图片来源：Wikimedia Commons

叶的形状，是描述叶片外观特征的一个重要方面，主要从叶的大小、形状（图 4.3）、叶缘（图 4.4）、叶尖、叶基、叶脉（图 4.5）、叶柄等方面进行识别。

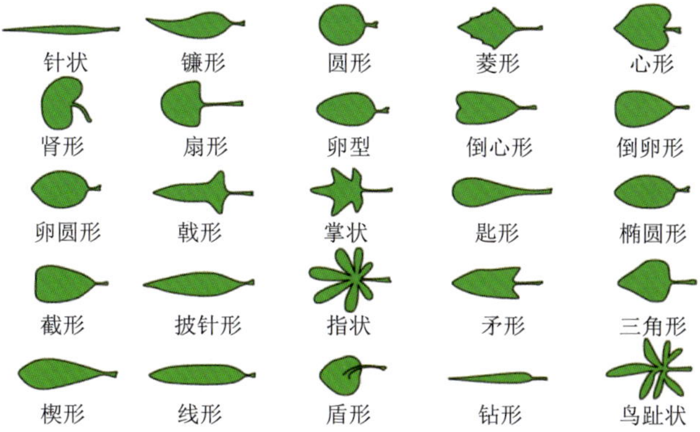

图 4.3　叶形的类型

作者整理，图片来源：Wikimedia Commons

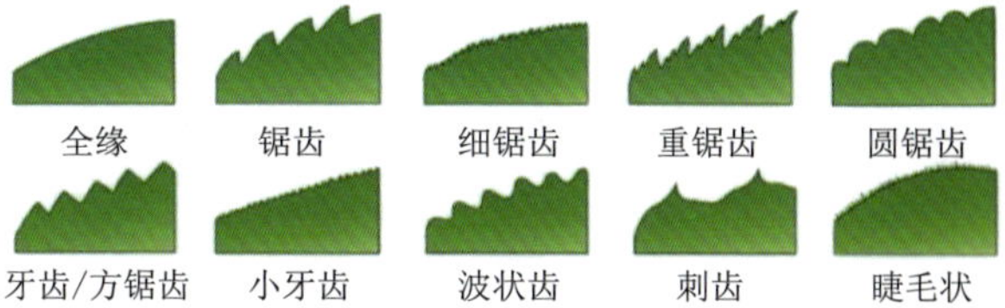

图 4.4　叶缘的类型

作者整理，图片来源：Wikimedia Commons

叶脉是叶片中的维管束，不仅负责输导水分和养料，还起到支撑和增加光合作用面积的作用。常见叶脉类型，包括羽状脉、网状脉、平行脉、掌状脉、扇形脉等（图 4.5）。

图 4.5　叶脉的类型

作者整理，图片来源：Wikimedia Commons

4.1.2　茎的识别

茎的识别，关键在于树皮的识别。在面对高大的树木时，由于获取叶子较为困难，因此我们可以依据树皮的特征来对植物进行识别。每一种树的树皮都独具特色，且在植物的不同生长阶段，尤其是幼年和成年阶段，树皮的特征会有显著的变化。熟悉树皮上的皮孔、裂纹（无论是横纹还是纵纹）、光滑程度以及是否容易脱落等形态特征，对于在野外准确识别植物具有极大的帮助。茎其他特征的识别和描述。例如，茎的生长习性，可分直立茎、缠绕茎、攀缘茎、平卧茎及匍匐茎等。植物在进化过程中适应环境出现了茎的变态。变态茎有地上茎（匍匐茎、肉质茎、叶状茎、钩状茎、茎卷须和茎刺等）和地下茎（根状茎、块茎、鳞茎和球茎等），部分类型如图 4.6 所示。

图 4.6　茎的变态类型

作者整理，图片来源：Wikimedia Commons

4.1.3　根的识别

植物根系分为直根系和须根系。直根系有明显的主根，须根系的主根不明显，根系主要由不定根构成。在进化过程中，根的变态产生了呼吸根、块根、肉质直根、支柱根、板状根、寄生根、攀缘根等（图 4.7）。

板状根　　寄生根　　攀缘根

图 4.7　根的类型

作者整理，图片来源：Wikimedia Commons

4.1.4　花的识别

有花植物的识别与分类主要是根据生殖器官（花）的特征来区分。每科植物都有特定的花图式和花程式，将野外采集的标本的花对号入座，就能先确定该植物标本的科。再结合植物标本果实、种子及营养器官的特征，可以进一步将植物确定到种。

花冠是一朵花中所有花瓣的总称，位于花萼的上方或内方，排列成一轮或多轮，多具有鲜亮的色彩。根据花瓣的形状、排列方式和结构特点，花冠可分为蔷薇形花冠、唇形花冠、钟状花冠、漏斗状花冠、舌状花冠、高脚碟形花冠、副花冠等（图 4.8）。

蔷薇形花冠　　辐状花冠　　唇形花冠　　坛状花冠

十字花冠　　钟状花冠　　漏斗状花冠　　蝶形花冠

管状花冠（中间）舌状花冠（边缘）高脚碟形花冠　副花冠（内轮）

图 4.8　花冠的类型

作者整理，图片来源：Wikimedia Commons

雄蕊的数目及形态特征在各类植物中较为稳定，可作为植物分类和鉴定的依据。一般较原始类群的植物，雄蕊数目很多，并排成数轮；较进化的类群，雄蕊数目减少，恒定，或与花瓣同数，或几倍于花瓣数。雄蕊常因离合与否、花丝长短的不同，分为二强雄蕊、四强雄蕊、聚药雄蕊、二体雄蕊和多体雄蕊等（图 4.9）。

二强雄蕊　四强雄蕊　聚药雄蕊　二体雄蕊　多体雄蕊

图 4.9　雄蕊的类型

作者整理，图片来源：Wikimedia Commons

子房是被子植物花中雌蕊的主要组成部分，由子房壁和胚珠组成。当传粉受精后，胚珠发育为种子，子房发育成果实。子房的位置和类型主要有上位子房、半下位子房和下位子房（图 4.10）。

图 4.10　子房的类型

作者整理，图片来源：Wikimedia Commons

花序是许多小花按一定规律着生在花轴上的次序和方式。花序的类型繁多（图 4.11），但主要可分为两大类：无限花序和有限花序（也称聚伞花序）。无限花序主要包括总状花序、穗状花序、头状花序、肉穗花序、柔荑花序、伞形花序和伞房花序等。多个简单花序组成复合无限花序，包括复伞形花序、圆锥花序、复伞房花序、复穗状花序和复头状花序等。有限花序（聚伞花序）可分为单歧聚伞花序、二歧聚伞花序、多歧聚伞花序和轮伞花序等。

图 4.11　花序的类型

作者整理，图片来源：Wikimedia Commons

4.1.5　果实的识别

果实是植物界中一种重要的繁殖器官，由花受精后雌蕊的子房发育而来，内含种子，外具果皮。根据成熟时果皮的结构和质地，果实可分为干果和肉质果两大类。根据果实来源、结构和果皮性质的不同，果实可分为坚果、翅果、球果、浆果、荚果、核果、蒴果、聚合果等（图 4.12）。

图 4.12　果实类型

作者整理，图片来源：Wikimedia Commons

4.2　植物标本采集和制作

采集标本前必须做好精心的准备，制定周密的计划。特别是到国家自然保护区内，先要与自然保护区的管理区工作人员联系，在获得允许采集和带出标本的许可后，方可进入区内采集。在标本采集过程中，严格遵守国家自然保护区法的规定，依法依规采集许可的植物标本。对于受保护的植物，特别是珍稀濒危植物，在得到允许后，方可采集标本。对于不允许采集标本的植物，请遵守法律法规，在标本采集过程中，自觉进行植物保护。

4.2.1　工具准备

标本采集工具：枝剪、采集刀、挖根铲、解剖刀、防护手套、放大镜、不同大小和厚度的带封口的塑料袋等；

标本压制工具：枝剪、吸水纸、标本夹、标本夹绑带、瓦楞纸板、电动鼓风干燥机等；

标本装订工具：台纸、针和棉线（或纸条和小刀）、白乳胶、小纸袋等；

数据采集工具：望远镜、海拔表、测角器、胸径尺、全球定位系统（GPS）定位仪、手机等；

数据记录工具：野外采集记录簿、植物标本名签、挂签、笔记本、记号笔、铅笔。

4.2.2　标本采集

1. 采集对象

一个好的植物标本应包含植物各种器官以及不同发

育阶段的信息，所以采集标本时应尽可能完整，不能光有茎和叶，最好有花或果，同时还要注意有无特殊的地下器官。另外，要采集正常生长的健壮植物，不采变态的、有病的植株。

木本植物的采集，通常需采集叶片、花朵（或叶片、果实）齐全的枝条，并尽量附带二年生的枝条部分。缺乏花朵和果实的标本，往往无法作为植物种类鉴别的可靠依据。对于雌雄异株的植物，例如杨树和柳树，应同时采集雌株和雄株的标本。采集过程中，应尽量避免截取植物的顶枝，转而选择侧枝或分枝进行采集，这样既能减少对植物生长的影响，又能确保标本足以真实反映植物的特征。

草本植物的采集，应连根采全株，即除了叶、花、果各部分外，还要采集地下部分，如根茎、匍匐枝、块茎和根系等；如果全株在标本夹内压不开，可折成“V”或“N”形，避免将茎弄断，或在同一株上选形态上有代表性的上、中、下三段压制，最后合在一起制作成标本。寄生的草本植物，还要连同寄主一起采集、压制。蕨类植物的采集，最好采带有孢子囊的植株，并连同根、茎一起，否则不容易鉴定。

2. 采集编号

一个采集材料必须要有一个对应编号。同一采集号不能重复使用。每一采集号应是某个采集人的独特流水号，流水号的编写通常以地名+日期+采集号。如 2023 年的 8 月

25 日在庐山采集的第一号材料，流水号 LS20230825001。“LS”为庐山汉语拼音（Lushan）的开头字母的缩写，2023 为年份记录，08 为采集月份，25 为采集日期。月份和日期应用双字符记录。一是考虑到一年有 12 个月，二是考虑到将来标本信息需要输入到计算机中。采集号可以定为 1000，也可以定为 100 或 10000，具体的编号根据每天采集标本的实际情况来确定。采集材料可以由一个人或一组人在同一时间、同一地点、从一大型植株上或小型植株的同一居群里采集的若干部分组成。

用铅笔在标签上写上采集号并将其挂在每一个标本上。对那些已切开的植株（或器官），要用标签明确标明各部分的相互关系和顺序。

4.2.3 数据记录

野外记录要做到及时、准确和完整。有经验的采集人，通常用铅笔在笔记本的同一顺序和位置整齐地写下全部标本有关资料。

采集记录内容包括：记录采集路线、地形特征；记录采集号、采集人、采集日期、采集地点、采集生境、海拔、植物形态特征（乔木、灌木、草本、藤本、高度、胸径、根、茎、叶、花、果）、植被类型、科名、学名、土名（俗名）、用途及其他、标本份数。

4.2.4　标本压制

1. 标本整理

在野外采集到标本后，一旦抵达平缓安全的地带，应立即着手进行整理工作，以防止标本因脱水而发生变形。首先，需将选中的标本表面轻轻晾干，随后依据台纸的尺寸进行精心修剪。若遇到标本叶片过于密集的情况，可适当剪去部分叶片，但务必保留叶柄，以便清晰展示叶片的着生位置。对于较大的叶片，可从主脉的一侧进行修剪，并巧妙折叠起来，或者根据需要剪成若干部分。至于茎或小枝，则应采用斜剪的方式处理，以便露出其内部结构，如茎是否中空或含有髓质等特征。

2. 标本压制

首先，将标本夹带有绳子的一侧平放作为底层，其上依次铺设 2～3 层瓦楞纸板，再覆盖 5 层吸水纸。然后，将植物标本平整地铺放在吸水纸上，并仔细整理形态。在标本植株上方再覆盖 3 层吸水纸,之后每放置一份新标本，均重复此操作，即覆盖 3 层吸水纸。如此逐层放置标本，直至最后一份标本上方，再依次覆盖 5 层吸水纸和 2～3 层瓦楞纸板。最后，将标本夹的另一侧轻轻合上，尽量压紧，并用绳子牢固绑紧。

在标本进行压制时，要将叶子散开，尽可能避免重叠。至少应有一片叶片反转过来以便观察其背面特征，最好能保留一片老叶和一片幼叶。花的正、反面都应朝上显示出来。茎应弯曲以适应台纸大小，如果弯曲后茎易弹出，应在合适的地方折叠、但不要弄断，使压制的标本既美观又有整体性。遇到落下来的花，可散放于干燥纸上自然干燥，如果是筒状花，应将花冠纵向切开。遇到散落的果实，可把一些纵向切开，另一些横向切开；如果果实过大，则可以切成片后分开干燥。遇到散落下来的种子，可以装在小标本纸袋中干燥，并写好标本采集记录号。

3. 标本干燥

将绑紧的标本夹置于通风良好的地方进行自然干燥。其间，需用干燥的吸水纸替换标本夹中的湿纸。首次换纸时，应使用镊子仔细整理标本，确保根、茎、叶充分展开。换纸的频率直接影响标本的质量，勤换纸能使标本干得更快、颜色保持得更好。通常，在最初的三天里，每天需换纸 2～3 次；之后，可每天换一次，一般情况下，一星期左右标本即可完全干燥。不过，对于叶片较硬的植物，干燥时间可能会更长。换下的湿纸可放在阳光下晒干，以备下次使用。若遇到阴雨天气，为防止标本霉变，可使用电动鼓风干燥机为标本除湿，干燥时间需根据标本的干湿程度灵活调整。对于一些不便压制的浆果、块茎、块根等植物材料，则应采用浸制的方法进行保存。

4.2.5　标本装订

标本装订的目的是长期保存，便于教学或科研使用。将干燥好的标本装订上台纸，一般遵循以下步骤：

（1）首先规划标本与标签的摆放位置，但标签需待最后粘贴。通常，植物标本名签置于台纸右下角，野外采集记录签则放在台纸左上角。确保标签边缘与台纸对齐，不超出台纸边缘，以防损坏。

（2）在标本背面均匀涂抹乳胶，然后将其粘贴在台纸的预定位置上。粘贴时需注意标本的整体美观与艺术性。

（3）待标本背面的乳胶完全干燥后，进行装订固定。常用的装订方法有三种：一是针线固定，并在背面打结；二是纸条穿缝，背面粘贴固定；三是纸条贴压，正面粘贴固定。装订时不宜过密，以免影响标本的美观。

（4）标本装订完成后，再粘贴野外采集记录签。若有散落的花、果、种子，应先进行干燥处理，然后装入小纸袋中，再将小纸袋粘贴在标本记录标签的上方，并确保袋口可折叠打开，便于查看。至此，一份完整的标本即制作完成（图 4.13）。

（5）若标本需送入标本馆进行馆藏，还需经过消毒处理，方可统一入库保存。

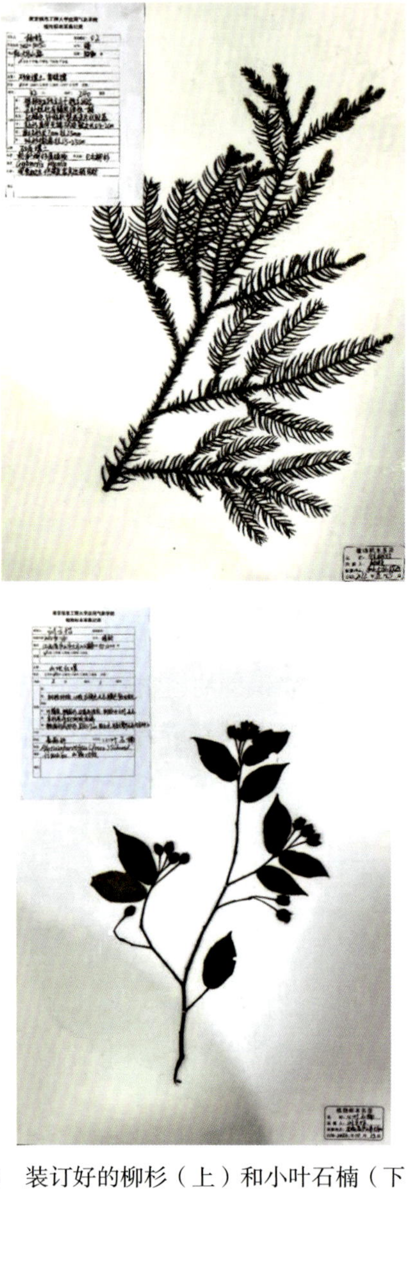

图 4.13　装订好的柳杉（上）和小叶石楠（下）标本

4.3　植物鉴定方法

4.3.1　专业软件

如今，市面上已涌现出众多专业应用（APP），如形色、花伴侣、百度识图、花卉识别以及拍照识花等，它们均可作为植物识别的得力辅助工具。然而，要实现对植物的精准识别，仍需依托扎实的植物分类学知识，通过频繁的野外实习，进行细致入微的观察，并不断总结经验。

4.3.2　植物分类检索表

遇到软件不能准确识别的植物时，可采集植物标本带回，再运用植物分类检索表对植物进行分类鉴定。

植物分类检索表是植物分类中识别和鉴定植物不可缺少的工具，是根据法国拉马克（Lamarck）二歧分类原则，把原来一群植物相对的特征、特性分成对应的两个分支，再把每个分支中相对的性状又分成相对应的两个分支，依次下去直到编制到科、属或种检索表的终点为止。其中，常用的是分科、分属、分种三种检索表。可根据具体情况选用不同级别的检索表。

植物分类检索表的具体使用方法，参考下列步骤进行。

1. 了解基础知识

在使用检索表之前，需要对植物学基础知识有一定了解，包括植物的分类系统、主要形态特征以及常见的植物类群。

2. 选择合适的检索表

根据植物的大致分类（如被子、裸子、蕨类植物等）和所在地区，选择相应的植物检索表。例如，《江西植物志》可用于识别庐山地区的植物。

3. 观察植物特征

仔细观察未知植物的各个部分，包括根、茎、叶、花、果实和种子等，注意它们的形态、颜色、大小、排列方式等特征以及有关习性，并将观察到的特征记录下来，以便在检索表中查找。

4. 使用检索表

大多数检索表都是按照从大类到小类的顺序排列的，因此首先从大类开始查找，如先确定是被子植物还是裸子植物。根据观察到的特征，在检索表的每一级中逐一比对选项。如果某个特征与某个选项完全吻合，则选择该选项并继续向下查找。如果某个特征与多个选项都不吻合，则使用排除法，将这些选项排除在外。在比对过程中，注意细节的差异，因为即使是微小的差异也可能导致不同的分类结果。

5. 验证结果

在检索表中找到对应的植物名称后，可以查阅相关的植物志、图鉴或在线数据库等资料，以验证检索结果的准确性。

例如，庐山地区壳斗科主要属分属检索表：

1）雄花序直立，每壳斗内有 1～3 坚果

（1）落叶；小枝无顶芽；壳斗球形，完全包围 1～3 坚果——栗属。

（2）常绿；小枝有顶芽；叶二列；壳斗几乎全部包围 1～3 个坚果——锥属。

（3）常绿；小枝有顶芽；叶非二列；壳斗部分包围 1 个坚果——柯属。

2）雄花序下垂，每壳斗内有 1 坚果

（1）常绿；壳斗上鳞片轮生，结果时结合成同心环带——青冈属。

（2）落叶；壳斗上鳞片螺旋状排列，结果时不成同心环带——栎属。

4.4　实习内容

4.4.1　庐山植物物种多样性调查

针对庐山不同海拔区域或相同海拔下的不同生境，选取具有代表性的样地。运用测量工具精确标记样地边界，并详细记录样地的地理位置、地形地貌等信息。对样地内出现的

植物进行识别与鉴定，将每种植物的名称、学名、数量、形态特征等信息记录于表（表4.1）。鉴定过程中，可借助植物识别APP、植物分类图鉴、植物分类检索表，并参考专业老师的意见，以准确确定植物的科、属、种。同时，了解不同植物的生态价值，比较不同样地间植物物种多样性的差异。

4.4.2　庐山常见植物科、属识别要点分析

根据植物种多样性调查结果，以形态学特征作为分类标准，比较并归纳同一科、属植物的形态特征相似性以及不同科、属植物形态特征的差异，制作庐山常见植物科、属识别要点简表。结合海拔和生境特征，分析不同类型植物对庐山生态环境的适应策略，加深对植物与环境相互关系的理解。

4.4.3　庐山植物腊叶标本制作

制作植物标本是一种直观记录植物形态特征的方法。针对庐山独特植物制作标本，对照植物分类学的相关资料（如植物图鉴、分类手册等），有助于观察植物的形态细节，从而准确地确定植物的种名、属名和科名等分类信息，深入地了解不同植物类群的特征差异。

附录中列举了庐山野外实习途中常见的一些植物（植物照片由夏围围和赏刚提供），供读者参考。

表 4.1　庐山植物物种调查样表

小组成员：　　班级：　　记录时间：　　土壤类型：

地点：　　海拔：　　经纬度：　　光照强度：

编号	植物名称	植物学名	高度/cm	生长形态				叶型		叶序					叶脉			叶缘		叶片大小形状	茎的生长习性	开花		果实类型	其他特征（如花序、根系、树皮颜色…）
				乔木	灌木	藤本	草本	单叶	复叶	对生	互生	轮生	簇生	基生	平行脉	羽状脉	其他	全缘	非全缘			颜色	花冠类型		

第 5 章

植物功能性状调查分析

植物在长期应对外部环境变化的过程中，内部功能之间协同进化，形成能够适应外部环境变化，并对生态系统功能产生一定影响的植物性状，称为植物功能性状。因此，植物功能性状反映了植物应对或适应环境变化的生长策略，并能解释植物在环境胁迫下形态与生理的变化。基于植物功能性状的方法也已成为现代生态学研究中的一个重要突破点。

5.1 典型且易测的植物功能性状

叶绿素含量、叶面积指数和比叶面积是植物重要的功能性状指标，反映了植物光合生产和应对环境变化的策略，也是野外非常典型且易测的指标。

叶绿素作为植物叶片中的核心光合色素，构成了高等植物开展光合作用的重要物质基础。在光合作用过程中，叶绿素承担着吸收并传递光能的关键角色，因此，其含量与植物的光合速率之间存在着紧密的关联。具体而言，在适宜的范围内，随着叶绿素含量的增加，植物的光合速率也会相应提升。

叶面积指数，作为衡量植物生长状况的关键参数，指的是单位土地面积上植物叶片的总面积与土地面积的比值。而比叶面积，则是评估个体或群体初级生产力的重要标准，同时也是估算植物光能利用率的有效指标。

综上所述，叶绿素含量、叶面积指数以及比叶面积等指标，均能反映植物的生长状态。值得注意的是，这些指标会受到多种环境变化的影响，包括海拔梯度、干旱条件、盐渍环境、高温胁迫以及大气污染等，这些因素都可能改变这些指标的数量与组成。因此，对这些指标的精确测定，对于深入理解植物的光合生理机制以及逆境生理响应具有至关重要的意义。

5.2　测定原理与方法

5.2.1　叶绿素含量

叶绿素含量可以通过便携式仪器原位测定或者通过

采集叶片用化学物质（如 95%乙醇或 80%丙酮）浸提并结合分光光度法测定。

（1）便携式叶绿素仪（例如 SPAD-502）通过测量叶片在两种特定波长（650 nm 和 940 nm）下的光学浓度差，来确定叶片中叶绿素的相对含量。这两个波长分别对应红光区和红外线区，其中红光区对光的吸收较强，且不受胡萝卜素干扰，而红外线区对光的吸收则极弱。因此，通过测定叶片在这两个波长区域的透光系数，我们能够计算出叶绿素的相对含量。

（2）叶绿素 a 和叶绿素 b 的含量可以通过 95%乙醇进行提取，随后利用分光光度法进行测定。叶绿素 a 和叶绿素 b 在 665 nm 和 649 nm 波长处具有最大吸收峰，且它们的吸收曲线在 652 nm 处相交。因此，通过测定提取液在 665 nm 和 649 nm 波长下的吸光度，并结合 Lichtenthaler 的经验公式（Lichtenthaler，1987），我们可以分别计算出叶绿素 a 和叶绿素 b 的含量。

$$叶绿素\ a\ 含量=(13.7A_{665}-5.76A_{649})\times[V/(1000\times W)]$$

$$叶绿素\ b\ 含量=(25.8A_{649}-7.6A_{665})\times[V/(1000\times W)]$$

式中，A_{665} 和 A_{649} 分别为 665nm 和 649 nm 波长下的吸光度；V 为提取液体积（mL）；W 为叶片鲜重（g）或叶面积（cm^2）。

5.2.2　叶面积指数

基于比尔定律——即光线在穿过介质时强度会随介质厚度及浓度增加而减弱，在针对植物冠层提出并设定了一系列合理假设条件的前提下，采用半理论半经验的公式，通过冠层孔隙的测定，计算出冠层结构参数。

LAI-2200C 植物冠层分析仪利用“鱼眼”光学传感器（垂直视野范围 148°，水平视野范围 360°）测量树冠上、下 5 个角度的透射光线（分别用 A 值和 B 值表示），利用植被树冠的辐射转移模型计算叶面积指数、平均叶倾角、空隙比、聚集因子等树冠结构参数。

5.2.3　植物比叶面积

网格法是一种较为精确的叶面积测定方法。具体操作时，需先将叶片平置于带有网格的透明板上，随后借助放大镜仔细观察叶片的轮廓，通过统计网格中被叶片所覆盖的格子数量，来估算叶片的面积。该方法操作相对简便，且能在一定程度上兼顾叶片形状的复杂性。然而，叶面积的估算结果会受到网格分辨率以及网格划定精确程度的影响。

在完成叶面积估算后，还需采用烘干法来测定叶片的干重。具体操作时，应确保烘干过程迅速，以避免叶片从烘箱取出后，因长时间搁置而吸收空气中的水分，从而影响测定结果的准确性。

最终，通过计算叶面积与叶片干重的比值，即可确定比叶面积。以下是具体的操作步骤：

将叶片平展地放置在坐标纸上，并用大头针固定好位置，随后使用铅笔沿着叶片的边缘仔细勾画出其轮廓。接着，通过数格子来计算叶片所占的面积，对于叶缘部分，不足半格的忽略不计，超过半格的则按一格计算。最后，将所有被叶片覆盖的格子数相加，得到总格数（T），再乘以每小格所代表的面积（S），即可得出叶片的面积，计算公式为 $A = T \times S$。

完成面积测定后，对叶片做好标记，然后将其放入烘箱中，在 75℃的温度下烘干至恒重。之后，使用电子天平准确测定叶片的干重（W）。

最后，通过叶片面积（A）与叶片干重（W）的比值，即可计算出比叶面积（S_{LA}），计算公式为 $S_{LA} = A/W$。

5.3 实习内容

5.3.1 庐山不同海拔典型生态系统植物功能性状的测定

沿庐山海拔梯度选择典型的农田和森林生态系统，其中农田生态系统主要包括稻田和茶园，森林生态系统主要包括落叶阔叶林、常绿阔叶林和针叶林。在农田生态系统中设置 2 m×2 m 标准样方，在森林生态系统设置 10 m×10 m 标准样方。

（1）利用 SPAD-502 测定叶片叶绿素含量。在农田标准样方内选取 5～10 片生长状况良好的叶片进行测定。在森林标准样方内分别测定 5 种针叶树和阔叶树的叶片叶绿素相对含量（SPAD），每棵树随机选取 5 片生长状态良好的叶片进行测定。

（2）利用 LAI-2200C 于五个不同位置测定叶面积指数（LAI）及其他指标，包括无截取散射（DIFN）、平均叶倾角（MTA）和表观聚集度指数（ACF）。

（3）在每个样方选取优势种采集叶片 3～5 片，利用网格法测定叶片面积，进一步烘干测定叶片干重，再通过二者比值计算比叶面积。

5.3.2　比较庐山落叶阔叶林和常绿阔叶林不同叶片性状

在庐山选取典型的落叶阔叶林和常绿阔叶林，利用 LAI-2200C 在五个不同位置测定 LAI 及其他指标，并记录于表 5.1 中，包括无截取散射（DIFN）、平均叶倾角（MTA）和表观聚集度指数（ACF）。设置 10 m×10 m 的标准森林样方，随机选取三种优势植物，测定其阴生叶和阳生叶的叶绿素相对含量，并记录于表 5.2 中，每棵树每种叶片类型（阳生叶和阴生叶）随机选取 5 片生长状态良好的叶片进行测定。将上述测定的阔叶树种中，在相同部位采集 8 片叶片，擦净表面污物，在叶片主脉两侧对应部位各取直径约 0.7cm 的小叶圆片，加入装有 2 mL 95%酒精溶液的离心管中，在避光的 4℃环境下浸泡，直至完全褪色，采用分光光度计在 665nm 和 649nm 处分别测定提取液的吸光度，根据 Lichtenthaler 的方法计算得到叶绿素 a 和叶绿素 b 的含量（Lichtenthaler，1987）。比较 SPAD 值与叶绿素 a 和叶绿素 b 含量之间的关系。同时采集优势树种阴生叶和阳生叶各 5 片测定比叶面积并记录于表 5.3 中。

表 5.1　叶面积指数的测定（示例）

编号	生态系统类型	LAI	DIFN	MTA	ACF
1					
2					
3					
4					
5					

表 5.2　植物叶绿素的测定（示例）

编号	树种	叶片位置	SPAD 值	叶绿素 a	叶绿素 b
1					
2					
3					
4					
5					

表 5.3　植物比叶面积的测定（示例）

编号	树种	叶片位置	方格数	面积	干重	比叶面积
1						
2						
3						
4						
5						

第 6 章
植物群落基本特征调查与分析

植物群落是指生活在一定区域内所有植物的集合，它是每个植物个体通过互惠、竞争等相互作用而形成的一个巧妙组合，是共同适应其生存环境的结果。植物群落学主要研究植物群落的结构、功能、形成、发展及其与所处环境的相互关系。

6.1　植物群落基本特征

6.1.1　植物群落的物种组成

植物群落中物种的多少及每个物种的个体数量，是度量群落多样性的基础。群落中的不同物种，在群落中的地位和作用也各不相同，群落的类型和结构因而也不同。在植物群落研究中，根据各个物种在群落中的作用分为优势种、建群种、亚优势种、伴生种、偶见种或罕见种。

在野外进行群落物种组成调查时通常采用样方调查法，要确定调查样方面积、调查群落物种的数量关系等。

1. 群落调查样方面积的确定

通常采用最小面积法来统计和编制一个群落的生物种类名录。所谓的最小面积，是指基本上能够表现出某群落类型生物种类的面积。通常通过绘制种类-面积曲线来确定最小面积。实际应用中，可以把面积扩大 1/10，种数增加不超过 5%时的样方面积，作为群落的最小面积；也可以把包括样地物种总种数 84%的样方面积作为群落的最小面积。

2. 群落数量特征的样方调查法

为更深入地阐释群落特征，对群落中不同物种的数量关系展开研究是必不可少的环节。在面积取样方法中，方形样地是最为常用的形式，也是在实地调查中应用最为广泛的一种取样技术。在明确取样面积后，还需合理确定取样数目。通常而言，取样数目越多，所获取的数据就越具代表性。然而，取样工作的核心目标之一在于降低劳动强度与节省时间成本。因此，实际采用的取样数目往往是理想数目（能充分保证代表性）与仅需花费较少时间就能完成取样数目之间的折中选择。

在野外调查过程中，需针对每个样方进行独立记录。具体而言，要详细记录每个样方内的物种名称、各物种的个体数量，以及木本植物的基面积（通过测定其胸径来获取）。完成所有样方的数据记录后，将这些数据进行汇总整理，并填入表 6.1。随后，根据汇总数据计算各物种的重要值。基于重要值的大小以及不同物种间的特征差异，我们可以推断出群落中物种的成员型类别。

表 6.1　样方调查结果的整理

物种	出现样方数	株数	基面积	相对频度/%	相对密度/%	相对优势度/%	重要值
1	X_1	M_1	S_1				
2	X_2	M_2	S_2				
…	…	…	…				
n	X_n	M_n	S_n				
总计	X	M	S	100.0	100.0	100.0	100.0

注：相对频度=X_i/X ×100%，相对密度=M_i/M ×100%，相对优势度=S_i/S ×100%，重要值＝（相对频度+相对密度+相对优势度）/3。

6.1.2　群落的结构与动态

群落的结构指的是生物在特定环境中的分布状况，以及它们与周围环境相互作用所形成的特定结构，这种结构主要可以从空间结构和生物结构两个方面来理解。空间结构侧重于描述群落的外在表现和形态特征，它涵盖了决定群落整体外貌的植物生长型、垂直方向上的分层结构，以及群落外貌随时间（如昼夜变化）和季节（如季相）而发生的动态变化。而生物结构则聚焦于构成群落的物种构成、各物种的相对数量（相对多度）、物种间的相互关系、物种多样性以及群落演替等核心要素。值得注意的是，群落的生物结构并非孤立存在，而是深受其空间结构的影响；同样，群落的空间结构也取决于群落中各物种的生活型，以及具有相同生活型的物种所共同形成的层片特征。

1. 群落生活型谱分析

统计某一个生物群落内各类生活型的数量对比关系的图表，称为生活型谱。记录生活型谱，首先要搞清整个群落的全部植物种类，列出植物名录，确定每种植物的生活型，然后把同一生活型的种类归到一起，按下式计算某一生活型所占的百分比：

某一生活型的百分比=（该地区该生活型的植物种数/该地区全部植物的种数）×100%

2. 群落动态的分层频度调查

群落演替是群落动态研究中的重要理论之一，分层频度调查是最常用的一种调查方法。野外调查时，在所研究的群落设置标准样地，按照高度分层统计各物种的频度。在森林群落中，将其分为主林层、演替层和更新层，各层的高度一般规定如下：主林层为群落优势种的林冠层；2 m

以上至主林层下限为演替层；2 m 以下为更新层。然后在样地内随机设置 25～30 个大小为 2 m×2 m 的小样方。在每个小样方中，按高度分层，调查各树种在各层出现的频度。不论个体多少，凡是出现了新物种，就记录在表 6.2 中，并做好标记。

表 6.2　样方内分层频度调查表

物种名	样方 1			样方 2			……
	主林层	演替层	更新层	主林层	演替层	更新层	

对于野外调查所取得的数据，用下面的公式进行计算：

$$f = M/N$$

式中，f 为分层频度；M 为某物种出现在某层的样方数；N 为样方总数。

分别统计群落主林层、演替层和更新层中每种植物的分层频度，将统计结果填入表 6.3 中。

表 6.3　群落分层频度统计表

物种名	层次		
	主林层	演替层	更新层

庐山地区的植被演替主要呈现为两大类别：其一是逆行演替，在长期人类活动的干扰下，该地区的森林植被遭受破坏，进而导致原生植被出现不同程度的退化，逐渐演变为各类次生林、次生灌丛以及草丛等。其二是顺向演替，通过实施封山育林、人工栽植以及合理开发利用植物资源等一系列举措，推动植物群落朝着复生的方向发展，即向着地带性植被顶极群落的方向演替。

6.1.3　群落物种多样性分析

生物多样性是指生物的多样化和变异性以及物种生境的生态复杂性，它包括植物、动物和微生物的所有种及其组成的群落与生态系统。从群落特征角度来看，生物多样性主要涉及物种多样性。

物种多样性包括两种含义：①种的丰富度，指的是某一群落或生境中所含有的物种数目的多寡；②种的均匀度，指一个群落或生境中全部物种个体数目的分配状况，它反映的是各物种个体数目分配的均匀程度。群落所含的种数越多，群落的多样性就越大；同时，群落中各个种的相对密度越均匀，群落的异质性程度就越大。测定群落物种多样性的公式很多，包括 α 多样性指数和 β 多样性指数。

6.2　植物群落物种组成与多样性调查方法

6.2.1　仪器与用具

调查所用到的仪器和用具包括：样方绳、地钉、坡度测量仪（图 6.1）、游标卡尺（图 6.2）、卷尺、指南针、记录表等。

图 6.1　坡度测量仪

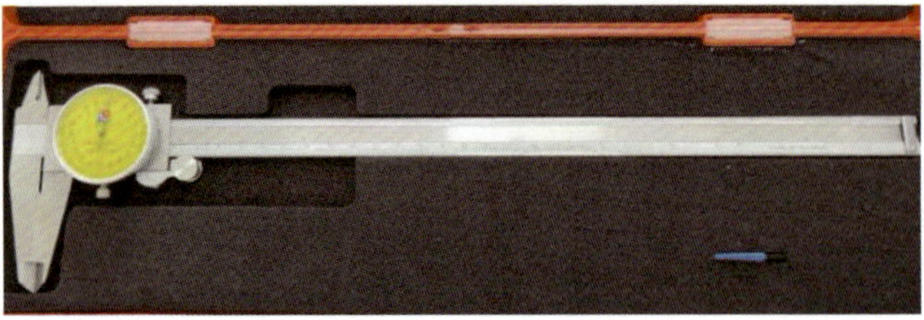

图 6.2　游标卡尺

6.2.2　方法与步骤

1. 样方选择

选择典型生态系统类型，根据实际情况确定样地并精确定位，调查前要拍摄景观照片。

2. 样方布置

对样方进行详细勘查，确定其周边主要的环境梯度，如海拔、坡向、土壤、水分条件和人为干扰强度等；根据不同生态系统进行样方布置，同时也可以考虑实地情况调整样方大小：其中，森林为 20 m×20 m，灌丛为 5 m×5 m，草地和荒漠为 1 m×1 m（图 6.3）。

图 6.3　野外调查工作照

刘蕾供图

3. 植被调查

1）森林

首先确定样方的地理位置、生态系统类型、立地条件和干扰状况等信息。将 20 m×20 m 的样方平均划分为 16 个 5 m×5 m 的样格(图 6.4),然后对样方内胸径大于 1 cm 的所有树木进行每木检尺，记录胸径、高度和冠幅；如有树木濒临死亡或枯立木，同样进行记录，但需要备注说明。

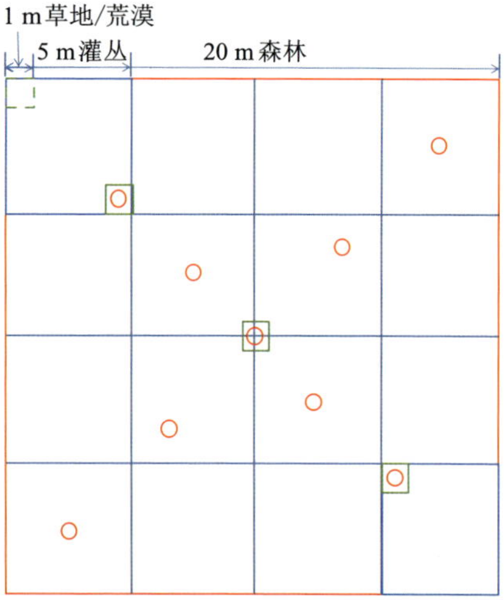

图 6.4　样方布设

从 16 个 5 m×5 m 的样格中随机抽出 2 个样格进行灌木层调查，调查方法参考灌丛部分。在样方中随机布设 3 个 1 m×1 m 草本样方进行草本层调查，调查方法参考草地部分。

2 ）灌丛

首先确定样方的地理位置、生态系统类型、立地条件和干扰状况等信息并逐株 (丛) 记录种名、高度、基径等。

在样方中随机布设 3 个 1 m×1 m 草本样方进行草本

层调查，方法参考草地部分。

3）草地

首先确定样方的地理位置、生态系统类型、立地条件和干扰状况等信息。对草本植物进行详细调查，逐株（丛）记录种名、高度和盖度等。

4. 调查指标记录

1）株数（丛数）

记录样方内同一种植物的株数（丛数）。

2）多度

通常可划分为三个等级：其一为“多”，指在群落中生长状况良好，所占比例超过 40%；其二为“中”，表示在群落中生长情况一般，占比处于 10%～40%；其三为“少”，意味着在群落中所占比例低于 10%。

3）树高的测量

目测树高有两种简易方法，一种是积累法，即树下站一人，举手为 2 m，然后以此为基础，按照 2 m、4 m、6 m、8 m 等间隔往上累加，直至树冠所在的高度；另一种是分割法，即测量者站在离树一定距离的位置，将树的高度在视觉上分割成 1/2、1/4、1/8、1/16 等比例，如果分割至 1/16 处测量为 1.5 m，则树高为 $1.5 \times 16 = 24$ m。

4）冠幅、冠径和丛径

冠幅指的是树冠的幅度，它是乔木调查时的一项专用测量指标。冠径和丛径分别指灌木层和草本层植株顶部的幅度，用于灌木层和草本层的调查。在进行测量时，我们以植物种类为单位，选取一个平均大小的植株，测量其树冠的直径，并将测量结果记录下来。对于乔木层中较高的树木，每一棵都需要单独进行估算。

5）盖度

群落总盖度指一定样地面积内所有植物地上部分垂直投影面积占地面面积的百分比；种盖度指群落中各层（如乔木、灌木、草本）内单个植物种所有个体的盖度，可分为投影种盖度（目测估计）和基种盖度（需测量）。

6.3　数据处理与结果分析

6.3.1　群落的物种数与物种组成分析

对于上述调查所记录数据进行整理分析。在实际实习中，可以针对不同的生态系统类型，对调查的多个样方表格进行整理，记录上述关键数据，计算得到样方物种数，并对物种组成进行分析。根据如下公式计算分别得到频度（指群落中某种植物出现的样方数占整个样方数的百分比）、相对频度（指群落中某种植物的频度占全部植物频度之和的百分比）和重要值指数（指植物物种在群落中的相对重要值）。

1. 频度和相对频度

频度（%）=（某种植物出现的样方数/样方总数）×100

相对频度（%）=（某种植物的频度/全部植物的频度之和）×100

2. 重要值指数计算

乔木植物的重要值（%）=（相对密度+相对优势度+相对高度）/3

灌木或草本植物重要值（%）=（相对高度+相对频度+相对盖度）/3

式中，相对密度=某个种的密度/所有种的密度之和；相对优势度=某个种的胸径和/所有种的胸径之和；相对高度=某个种的所有个体高度和/所有种个体的高度之和；相对频度=某个种在样方内出现次数/所有种出现次数之和；相对盖度=某个种的盖度和/所有种的盖度之和。

6.3.2　群落物种多样性分析

根据上述样方调查得到的数据进一步分析群落物种多样性。

（1）物种丰富度（S）的定义为在特定样方内所出现的物种数量。

（2）Shannon-Weiner 指数计算：

$$H' = -\sum_{i=1}^{S} P_i \ln P_i$$

式中，H' 为物种多样性指数；S 为物种数；P_i 为第 i 个物种个体占类群中个体总数的比例，即 $P_i=n_i/N$（n_i 为物种 i 的个体数，N 为样本总个体数）。

（3）Simpson 优势度指数计算：

$$D = \sum P_i^2$$

式中，P_i 为第 i 种个数占样本总数的比例，即 $D=(N_1+N_2)/NT$，N_1 为样本中第一优势种的个体数，N_2 为样本中第二优势种的个体数，NT 为样本中的总个体数。

6.3.3　不同植被层调查结果统计分析

不同植被层调查数据需要分层记录到植被调查表中，并根据上面所列公式计算出各个指标，再录入下列数据统计表中（表 6.4，表 6.5），并将结果写入实习报告中进行讨论分析。

表 6.4　乔木层各数据统计表（示例）

编号	种名	密度/（株/m^2）	相对高度/%	相对密度/%	相对优势度/%	重要值	物种丰富度 S

续表

编号	种名	密度/（株/m²）	相对高度/%	相对密度/%	相对优势度/%	重要值	物种丰富度 S

表 6.5　灌木层/草本层各数据统计表（示例）

编号	种名	出现样方数	盖度/%	相对高度/%	相对盖度/%	相对频度/%	重要值	物种丰富度 S

6.4　庐山植物群落基本特征调查与分析

本调查旨在对庐山不同海拔梯度的植物群落基本特征进行深入研究，收集并分析物种组成及群落结构特征的相关数据。同时，通过收集环境因子（如海拔、坡向、土壤温湿度等）的数据，探讨庐山不同植被群落的演替进程。此次调查实习不仅使学生能够掌握植物群落调查的基本方法，还通过数据整理与分析的过程，研究环境因子对植物群落形成的影响。此外，实习旨在增强学生的野外实践操作能力，培养学生的数据处理与分析能力，以及团队合作解决问题的能力。实习内容：

（1）选取庐山不同海拔梯度，如大月山、含鄱口、三叠泉、五老峰等地的典型植物群落，进行样方调查。每个地方选取3～5个20 m×20 m样方，参照植被调查表6.6和表6.7详细记录样方内植物基本数据。同时记录经纬度、海拔、土壤温湿度等环境数据。

（2）学生将分成若干小组，共同完成植物群落数据的调查任务。每个小组需在每个调查地点至少设置一个20 m×20 m的样方，并进行植物调查。组内成员分工合作，首先使用样方绳标定样方范围，对样方内的乔木进行识别，并测量其胸径、树高等指标，详细记录相关数据。随后，在样方内随机选取2个5 m×5 m的小样方，调查灌木群落的组成情况；同时，再选取2个1 m×1 m的样方，调查草本群落的组成，并准确记录相关数据。

（3）调查任务完成后，各小组将所收集的样方数据进行汇总整合。学生将按小组分别分析不同海拔梯度下乔木层、灌木层和草本层的植物群落组成特征，并计算物种多样性等生态学指标。同时，结合所收集的环境因子数据，深入分析环境对植物群落组成的影响。在此过程中，学生将进一步加深对植物群落基本特征及其与环境相互关系的理解。

表 6.6　植被调查表（乔木层/灌木层）

日期：　　　　时间：　　　　天气：　　　　调查人：

样方号：		经纬度：		海拔：	
生境描述：					
乔木/灌木层	样地面积：	优势种：		郁闭度：	
编号	种名	基径/胸径/cm	树高/m	冠幅/（m×m）	备注

表 6.7　植被调查表（草本层）

日期：　　　　时间：　　　　天气：　　　　调查人：

样方号：		经纬度：		海拔：	
生境描述：					
草本	样地面积：	优势种：		总盖度：	
编号	种名	平均高度	盖度	多度	备注

第 7 章

动物多样性调查与分析

动物多样性调查的主要目的在于摸清调查区域内动物各类群的种类、数量与分布等特点，掌握其与栖息地植被多度、盖度及微生物多样性之间的相互关系。动物调查主要通过野外踏查、设置调查样点和调查样线进行。开展野外实习之前，可通过查阅相关文献资料并向实习区域管理部门咨询本底资料和政策要求等，确定实习过程中调查的区域范围和样点、样线布设方案。重点了解动物群落的结构、变化和生态功能及其与环境之间的相互关系。

7.1 动物多样性野外实习常用工具、设备与方法

动物多样性野外实习所用工具包括昆虫灯诱设备［落

地式白布架或可悬挂的白布、高压汞灯或大功率发光二极管（LED）灯、蓄电池（+逆变器）、插线板（接长的电源线）等]、单筒望远镜和双筒望远镜、显微镜、解剖镜、长焦数码照相机、微距数码照相机、红外触发式相机（包含电池和储存卡）、便携式钢丝绑绳、钳子、剪刀、夜视仪、测距仪、捕鼠器（鼠夹、鼠笼、粘鼠板等）、蛇钩、抄网、捕虫网（气网、扫网、马氏网、阻拦网、水网）、捕鱼网、黄盘、粘虫板、吸虫器、夹虫器、一次性塑料杯、工兵铲、皮尺、钢卷尺、放大镜、白酒、陈醋、可乐、洗涤灵、三角纸袋、标本保存瓶、展翅板、泡沫板、大头针、昆虫针、标本盒、GPS 定位仪、各类记录表、记录本、标签纸、记录笔、铅笔、吸水纸、乳胶手套、水裤、胶鞋（水靴）、手电筒、头灯、录音设备、塑料袋、密封袋、塑料瓶、塑料桶、塑料薄膜、镊子、手术剪、尼龙绳、针线、注射器、麻醉瓶、纱布、脱脂棉、乙醇、天平、便携式溶解氧仪、大气温度计、地表温度计、土壤温度计、光照度计、湿度计、便携式气象仪、便携式土壤水分/盐分/温度计、流速/水位/温度综合测量仪、动物各类群常用分类检索工具书、常备药品及野外个人防护用品等。

动物多样性调查与分析方法主要包括以下几方面：

（1）样方法：在野外实习的区域内，根据被调查类群的栖息生境和分布范围，随机选取若干个样方，计数每个样方内的调查物种个体数，求得每个样方的种群密度，以所有样方种群密度平均值作为该种群的种群密度估计值。

例如，选取 1 m^2 草地，计算短额负蝗为 20 只。

（2）标记重捕法：捕捉一定数量的动物（例如，某片花圃的食蚜蝇、某湖泊中的中华青针鱼、某池塘中的黑斑侧褶蛙、某森林公园的麻雀、某保护区的褐家鼠等，设数量为 M），标记（如颜色标记、环号等）后放回原栖息地，经一定时间后再进行重复捕捉（设捕捉数量为 n）。通过捕捉到的标记动物数量（设数量为 m）和总捕捉次数，计算种群密度和种群大小。设样方内该种群全部个体数为 N，则有 $N : M = n : m$，以此估计样地内被调查动物的总数。

（3）访谈法：通过对实习地区当地居民、保护区或生态管理局工作人员等开展问卷调查和进行沟通交流，了解实习区域的动物种类、数量、分布、习性及人类活动干扰情况等信息。

（4）遥感分析：利用卫星遥感、航空遥感等手段获取地表生物信息，通过对遥感图像的解译，分析生物群落的空间分布和变化。

（5）文献资料、野外数据分析：收集与研究对象相关的文献资料及形态、行为、生理、生态和遗传数据等资料，分析动物多样性现状、分布格局、分子系统地理学、遗传分化、变化趋势和保护措施等。

（6）生态位模型分析：通过分析动物的生态位特征（如食性、栖息地、竞争关系等），预测其潜在分布区域和种群数量及未来适生区变化。

在野外实习过程中开展动物多样性调查，针对不同的动物类群还可辅以不同的调查方法。例如，底栖动物的调查可采用网捕法、诱捕法、彼得生采泥法等；昆虫的采集可使用网捕法、扫捕法、振落法、搜捕法、诱集法等；鱼类的调查可采用网捕法和诱集法；两栖爬行类可使用样线法、捕捉法、网捕法、诱钓法、活套法和陷阱法采集部分个体进行测量；鸟类的调查可采用标图法、直接计数法、样线法、样点法、红外相机监测法、网捕法和鸣声调查法；哺乳动物调查可采用铗日法、捕鼠笼诱捕法、洞口统计法、活动痕迹法、陷阱法、样线法、红外相机监测法等。

7.2　蠕形动物和软体动物多样性调查与分析

三胚层无脊椎动物里，那些身体呈扁长形或圆长形、能够自由伸缩、具备左右对称特征、没有骨骼、无附肢、皮肤肌肉较为发达且依靠肌肉蠕动来运动的动物，被统称为蠕形动物。这类动物涵盖了扁形动物门、纽形动物门、环节动物门以及各类假体腔动物等。软体动物同样属于无脊椎动物，它们没有外骨骼，由柔软的身体以及外壳（部分类群的外壳已退化）构成。蠕形动物和软体动物中，既有自由生活的类群，也有寄生生活的类群；既有水生生活的类群，也有陆生生活的类群。它们广泛分布于山地、农作物区、居民区、河流、沼泽、沟渠、池塘、湖泊、海洋等各种生境之中。在野外实习过程中，常见的蠕形动物和软体动物类群包括涡虫、轮虫、水蛭、山蛭、蜗牛、各种螺类和贝类等。由于不同类群所处的生境存在差异，因此在调查时可采用不同的方法。

山地野外实习对蠕形动物和软体动物的调查可根据其生境差异采用合适的调查方法。涡虫多生活在溪流浅水处，部分种类［如笄蛭涡虫（*Bipalium kewense*）］在夜间还会到陆地上爬行，它们常隐于水中的石块或树叶下面，昼伏夜出。淡水栖息的螺类生活于溪流、沟渠、池塘、湖泊等生境中。对于这类动物的调查，可采用抄网法、食物诱捕法以及彼得生采泥法。在采集时，若处于水流较浅的生境，可使用 D 形抄网或竖网搅动底质；也可利用小型诱集网，在其中放入新鲜鸡肠、鱼鳃或动物肝脏作为诱饵，以此来诱集水生动物。采集到的涡虫应放入装有清水的广口瓶中，螺类、蚌类、鱼、虾、溪蟹、水生昆虫等则需放入塑料水桶里。此外，样线法也可用于调查采集部分蠕形动物和软体动物，像笄蛭涡虫、铁线虫、水丝蚓、陆生螺类和蛞蝓等。将适量采集的样本带回实习基地后，需进行标本鉴定处理及相关分析。对于蠕形动物标本，要先进行麻醉，使其身体舒展，之后再放入酒精或甲醛中保存。活体标本一般放置在培养皿内，加入少量水，然后每隔 10min 滴加 95%的酒精，直至虫体完全伸直舒展，加上标签后，标本可长期保存在无水酒精或 5%～10%的甲醛溶液中。

轮虫通常栖息于小型湖泊、沼泽、河道、水库、农田以及池塘等富含有机质的水体环境中。在野外进行轮虫采集时，可挑选浅水区域、水生植物繁茂丛生的地方、偏酸性水域、养鱼池或者中度污染的浅水湖泊作为采集点。采集时，使用 200 目的手抄网进行捞取，随后将捞取的轮虫放入装有少量清水的塑料桶内。之后，把采集到的水样置于显微镜下，利用微吸管将轮虫吸出，并转移至标本瓶中，最后集中使用显微镜进行观察鉴定。若需要长期保存轮虫标本，可采用 5%～10%的甲醛溶液进行固定处理，同时在标本瓶中添加少量浓度为 2%的甘油。

线虫种类繁多，分布广泛，适应各种栖息环境。线虫种群在维持森林、土壤等生态系统稳定、促进物质循环和能量流动方面发挥着重要的生态功能；但部分类群寄生于动植物体内，危害宿主健康。松材线虫调查可采用样线踏查法，从可能受感染的松树、土壤或其他宿主植物中采集样本。样本可以是树干、树皮、根部、土壤或其他可能存在线虫的部位。对采集到的样本可使用贝尔曼漏斗法（图 7.1）分离松材线虫，也可通过显微镜观察样本是否有松材线虫活体。收集到的线虫可带回实验室进行脱氧核糖核酸（DNA）提取鉴定。铁线虫调查可采用样线踏查法和样点法结合，对其宿主（如蜉蝣稚虫、蜻蜓稚虫和螳螂、蟋蟀成虫等）主要栖息生境和分布区域进行调查，采集这些昆虫标本进行解剖，收集寄生性的铁线虫样本。

图 7.1　线虫标本分离装置示意图
刘冬供图

7.3　节肢动物多样性与分布格局调查

节肢动物堪称分布最为广泛、种类最为繁多的无脊椎动物，它们的踪迹遍布海水、淡水、土壤以及空中，甚至部分种类会寄生在其他动物或植物的体内、体外。在野外实习调查过程中，通过采集各类节肢动物并制作标本，鉴别其中有害与有益的种类，同时分析其分布格局。这一实践经历可让学生掌握在不同生境中采集各类节肢动物的有效方法，深入了解它们与栖息环境之间的紧密联系，并学会节肢动物标本的制作处理以及科学鉴定技术。

野外实习过程中可依据各类节肢动物多样性调查技术导则要求，通过样点法和样线法对各类节肢动物进行调查，常见陆生种类有各种昆虫、蜘蛛、蜈蚣、马陆、蝎子、鼠妇、蜱虫、螨虫等，可采用网捕法（图 7.2）、扫网法（图 7.3）、搜捕法（图 7.4）、振落法（图 7.5）、灯诱法（图 7.6）、马氏网收集法（图 7.7）、陷阱诱集法（图 7.8）等调查陆生节肢动物。常见水生种类有各类水生昆虫、虾、蟹、枝角类、桡足类、钩虾等，可使用网捕法（各类抄网、踢网、拖网等）、灯诱法、彼得生采泥法等（图 7.9）进行调查采集，具体调查方法可参考《生物多样性观测技术导则 淡水底栖大型无脊椎动物》（HJ 710.8—2014）。收集的标本进行标本制作、鉴定和相关数据分析。

图 7.2　网捕法

周长发、李鹏供图

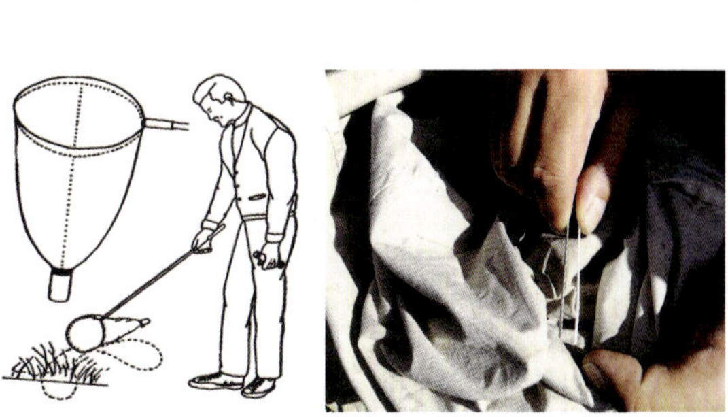

图 7.3　扫网法

李鹏供图

图 7.4　搜捕法
周长发、李鹏供图

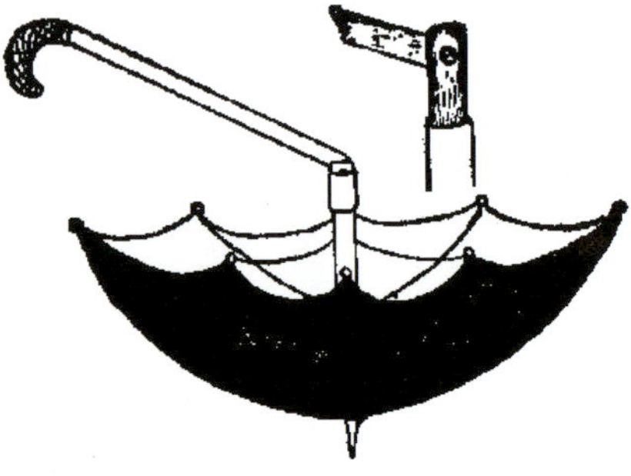

图 7.5　振落法
李鹏供图

图 7.6　灯诱法
李鹏供图

图 7.7　马氏网收集法
李鹏供图

图 7.8　陷阱诱集法

李鹏供图

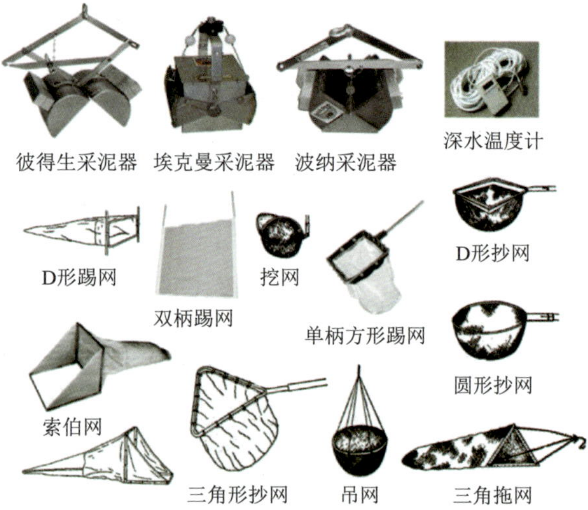

图 7.9　水生动物调查常用工具

李鹏供图，部分网具图仿忻介六、王琳瑶等绘制

在山地野外实习期间，由于植被丰富多样，生态环境异质性较高，昆虫的遇见率在众多生物类群中位居首位。昆虫不仅种类丰富，而且栖息环境极为多样，涵盖了植栖

性昆虫、地栖性或土栖性昆虫、水栖性昆虫、寄生性昆虫以及腐生性昆虫等。

针对昆虫多样性调查，可采用样点与样线相结合的方法。当运用样线法进行调查观测时，调查人员需沿预先设计的样线缓慢且匀速前行，对样线左右 2.5 m、上方 5 m、前方 5 m 范围内所见到的所有昆虫，以及枯枝落叶、树洞、石块下等生境中的各物种种类和数量进行详细拍照和记录。

对于非保护物种以及无法在现场确定种类的昆虫，可采用网捕后进行初步鉴定的方法；而对于鉴定存在困难的样本，则需带回实验室，通过解剖观察等手段进行进一步鉴定。使用捕虫网捕捉昆虫，是最为常用的方法之一。对于那些有翅会飞、善于跳跃的大、中型昆虫，无论它们处于活动状态还是静止状态，通常都需要借助捕虫网进行捕捉。考虑到不同昆虫的栖息环境存在差异，在采集过程中主要使用捕网（图 7.2、图 7.7）、扫网（图 7.3）、水网（图 7.9）等工具。捕虫网类型多样，包括带柄的气网、马氏网、阻拦网等，其网袋通常由轻薄柔软的细纱（如罗纱或蚊帐纱）或尼龙纱巾制成。使用气网采集空中飞翔的各类昆虫，像蝶、蛾、蜂、蜻蜓、蝇、蚊、蛉、石蝇、甲虫等。捕捉到昆虫后，需旋转网柄折叠网袋，避免网内昆虫逃脱。取虫时，对于蝶蛾类昆虫，可隔网从腹面用手轻捏其胸部，待其丧失飞行能力后，用扁头镊子轻轻夹取放入三角袋中；而对于具有螯刺毒针、锋利咬人式口器或能分泌难闻气味毒液的昆虫，应隔网用酒精进行麻醉，或小心用镊子夹取后放入标本瓶（毒瓶或酒精瓶）。马氏网诱集法则是利用昆虫的趋高习性，让进入网内的昆虫向上爬入收集瓶，以此实现定点采集。扫网专门用于采集栖息在灌木丛或杂草中的昆虫，例如飞虱、甲虫、叶蝉等。在野外实习进行样线调查时，调查者需沿着样线在草地和灌丛中边走边扫。扫网的整体结构与有柄气网相似，不过其网袋采用更结实、耐磨的白布或亚麻布制作。通过扫网采集的样本，应全部倒入较大的广口标本瓶中，带回驻地后对样本进行药物熏杀处理，之后将其倒在白纸或白瓷盘上，开展昆虫分类鉴定工作。

通过搜索法可采集藏匿于树叶背面、树皮下、树洞中、朽木内，以及砖块、石块和土块下方的各类昆虫（如蚂蚁、蜚蠊、椿象、蟋蟀、蠼螋、螳螂、甲虫等）或其他节肢动物（如蜈蚣、马陆、鼠妇、溪蟹、蚰蜒、蜘蛛、盲蛛、蝎子等），用长柄镊子夹取保存于酒精瓶中带回驻地后进行鉴定。

振落法主要用于采集不善飞翔、跳跃且具有假死性的昆虫，或是部分位于植被顶端、难以用其他方法采集的昆虫。采集时，先将收集伞张开，倒悬在树冠或灌木丛下方；或者把收集布平铺在树或灌丛周围。在操作前，需预先查看枝条上是否有蛇或鸟窝等，以防误伤。之后，猛击或摇动树枝，那些有假死习性以及不善飞翔跳跃的昆虫便会掉落于伞中或收集布上，此时再进行捕捉。

诱集法是一种借助节肢动物对光、食物、性激素、颜色等因素的趋性来进行采集的方法。常见的诱集方法包括灯诱（如高压汞灯、黑光灯、振频灯等）、化诱、食诱等。对于诱集到的中小型昆虫，可直接使用镊子夹取，并保存于标本瓶或三角袋中；而对于大中型的蝶蛾类昆虫（例如凤蝶、天蛾、箩纹蛾、蚕蛾等），可采用小型注射器向其注射氨水或酒精进行处理。

在布置陷阱诱集时，需在昆虫主要分布区域挖洞并敞口埋置一些塑料杯或塑料桶（图 7.8）。接着，向陷阱中倒入适量的诱捕剂，其配比为陈醋：白酒：可乐（或蝉粉）：水 =2：1：1：20，也可放入适量的发酵香蕉，以此诱集夜行性的甲虫、蟋蟀等昆虫类群。此外，还可利用昆虫对颜色的敏感性来采集它们。例如，利用黄盘诱集蚜虫和跳小蜂等昆虫；使用黄色粘虫板诱集双翅目和半翅目昆虫；借助蓝色盘诱集冠蜂等膜翅目昆虫。

水网适于捕捉水生昆虫（如蜻蜓目、蜉蝣目、䗛翅目、广翅目、脉翅目、双翅目、部分鞘翅目昆虫的幼体和成体），野外实习时可根据水域的深浅、溪流河道的宽窄、水草的疏密及所要调查采集的种类来选择水网的规格和样式（图 7.9）。

微小昆虫的采集可使用吸虫管（包括直吸式吸虫管和罩式吸虫管）。这种吸虫管专门用于采集体型小、身体脆弱不易拿取，以及栖息在树缝、墙缝及其他隐蔽处的微小昆虫。用直吸式吸虫管采集时只要将管口对准要采的昆虫，按动吸气球，便可将昆虫吸入瓶中。用罩式吸虫管采集时先将要采的昆虫罩住，再按动吸气球，将昆虫吸入瓶中。使用这两种吸虫管时，均可在管中放上沾有少许乙醚等麻醉药品的小棉球。采集到的所有标本，在经过专业鉴定之后，可根据教学、科研以及科普展示等不同需求，进行针对性的标本制备工作。

7.4 鱼类多样性调查与生态环境监测

鱼类是古老的脊椎动物，是水域生态系统中较高级的消费者，与水体环境存在着紧密的相互作用。鱼类通过对水体中饵料生物的摄取来固定水体中的营养元素并最终脱离水域环境，是有效降低水体中营养元素的主要途径。鱼类也是水域生态系统的重要组成部分，因其独特的生态特性和易于观察的特点，可作为生物评估监测的理想工具。野外实习中对实习区域鱼类调查主要可采用以下几种方法：

1）历史资料收集与整理

收集实习调查区域内已有资料（包括发表和未发表的文献资料等），结合访谈调查，掌握调查区域内的鱼类物种组成及分布的历史记录。

2）渔获物统计法

在实习过程中，需对所调查水体区域内，采用各类渔具和渔法所捕捞的渔获物进行种类统计。

3）自行采集法

在实习区域内的各水域区的断面和样点处进行自行采集，采用抄网、撒网、丝网、地笼、饵钓、刺网等采样方法（图 7.10），收集鱼类样本。

图 7.10　鱼类调查方法

李鹏供图

4）走访调查法

走访实习区域周边水产市场、餐馆等有当地鱼类交易或消费的地方，以及开展休闲垂钓的场所，进行采样调查。

鱼类的分类鉴定可依据《中国鱼类系统检索》、鱼类志及相关专业图鉴。

7.5　两栖动物与爬行动物多样性调查

野外实习过程中，可通过栅栏陷阱法和样线样方法，分别在白天和夜间两个时段对实习区域内的两栖动物进行调查；也可通过鸣声识别判断鉴定两栖动物。调查样方设置为 50m×50m 的正方形，每个样方间隔 100 m 以上。野外实习前准备好合适的调查工具与设备（图 7.11）。样线设置应尽可能覆盖灌丛、湿地、水塘、农田、人工林等典型生境类型。对发现的两栖动物标本以拍照记录为主，对部分存疑的物种可采取抓捕后剪趾取样收集少量样本，采用 95%乙醇保存样本以备后续分子鉴定。在生境比较复杂、可视性较差的地区，以理论样线为基准，适当扩大实际调查范围进行详细搜寻。最后通过走访调查法对调查结果进行补充。

强光手电筒

头灯

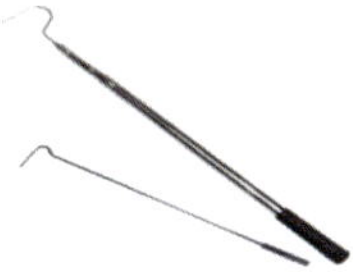

蛇钩

胶鞋

数码相机

绑腿

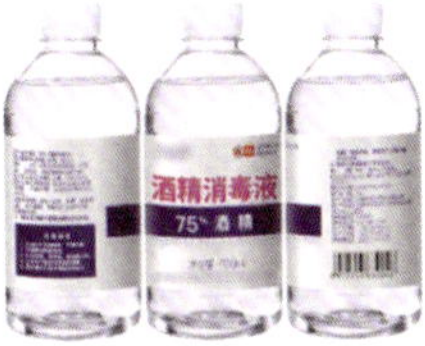

酒精

爬虫饲养盒

塑料桶

塑料布

尼龙绳

铁锹

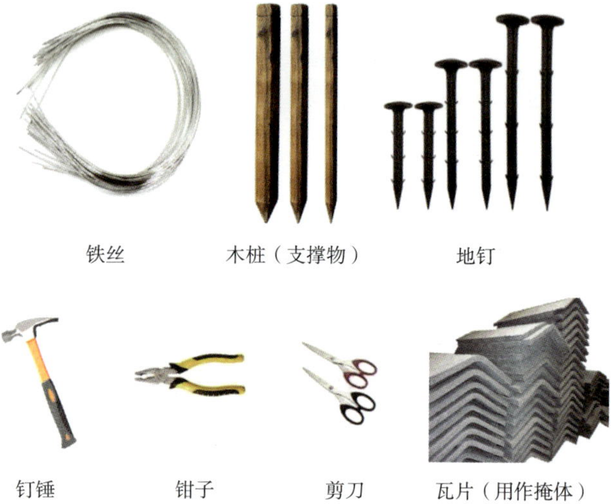

图 7.11　两栖动物和爬行动物调查常用工具
吴延庆供图

7.5.1　样线法

根据影响两栖动物和爬行动物分布的环境因子（如海拔梯度、植被类型、水域等），科学设置调查样线。样线应尽可能覆盖各类典型生境，包括水域、公园、绿化带、农田、林地等。两栖动物样线长度为 100～500 m，爬行动物样线长度为 500～2000 m；当单条样线难以达到最低长度要求时，可适当增加样线数量。样线宽度依据调查区域的可视条件确定，一般为 2～6 m。采用样线法调查时，调查人员沿样线行进，观察并记录两栖、爬行动物及样线轨迹信息。调查过程中，对观察到的活体或路杀个体进行拍照、现场鉴定，并记录物种名称、形态特征、地理坐标、海拔、个体数量及栖息地生境等信息（图 7.12）。

图 7.12　样线法调查两栖动物和爬行动物

高硕供图

7.5.2　陷阱法

在野外实习期间，可在两栖动物与爬行动物主要栖息地的周边适宜区域设置陷阱。其中，围栏陷阱主要设置在地势较为平坦的地方，像水源周边的草地、田地、沼泽湿地，或是松软的林下开阔地等。陷阱的尺寸一般参照标准塑料水桶或大口径管道的规格来确定，合适的直径范围为 20～30 cm，深度为 45～60 cm。在陷阱内部，要放置一些诱饵，如蚯蚓、昆虫等。在陷阱的两侧，需布置塑料布或铁皮围挡。围挡的高度为 35～50 cm，长度约 10 m，其底部通常要埋入泥沙中约 20 cm（图 7.13）。陷阱的布置工作通常在白天完成。陷阱一般设置在围挡的夹角处或中部位置，这样，在夜晚活动的两栖和爬行动物沿着围挡移动时，就容易落入陷阱之中。为了便于落入陷阱的动物有遮蔽之处，可在陷阱容器内放置少量掩体，如瓦片、枯枝落叶等。当调查工作结束后，务必及时拆除陷阱，并恢复该区域的地貌原状。

图 7.13　两栖动物和爬行动物调查陷阱布设

朱滨清供图

7.5.3　人工庇护法

在目标两栖动物和爬行动物（如树蛙类）的主要栖息地周边设置人工庇护所。人工庇护所设置方法：在 10 m×10 m 样地内选择 10 株树木，放置 60 个人工庇护所（竹筒或小型塑料桶），在每株树木的上部（距地面 150 cm 处）、中间（距地面 70 cm 处）和基部（近地面）各捆绑固定 2 个人工庇护所（图 7.14），人工庇护所内盛有至少 1/2 容器的水。

图 7.14　人工庇护所布设
吴延庆供图

7.5.4　掩蔽物法

野外实习期间，可在草地、湿地等天然遮蔽物较少的生境中设置人工掩蔽物，以更好地调查有藏匿习性的两栖动物和爬行动物。选用波浪状的瓦片等作为覆盖物材料，单个覆盖物尺寸不小于 30 cm×20 cm。调查样地内应采用规格统一的覆盖物，并按平行线或网格状排列（图 7.15）。网格状排列时，至少设置 5 个×5 个覆盖物，间距为 5 m。在每个覆盖物的下方挖掘深 5 cm 的土坑，为动物提供隐蔽空间。布设完成后，每日 8～10 时翻查一次，查看时应迅速拿起覆盖物，捕获匿居其下的动物，完成物种鉴定和记录。

图 7.15　掩蔽物法调查两栖动物和爬行动物

吴延庆供图

7.5.5　走访调查法

野外实习期间可辅以走访调查。调查对象包括当地管理部门技术人员、相关领域专家、生态护林员及当地居民。通过展示动物图鉴，核实受访者近期观察到的两栖爬行动物种类，同时了解其分布特征，从而确定重要栖息地中两栖爬行动物的种类组成及其空间分布格局。

7.6　鸟类多样性调查与观测

在野外实习期间，开展鸟类多样性调查是一项极其重要的教学内容。鉴于水鸟和林鸟在生活习性以及栖息地状况方面存在差异，我们主要运用样线法与样点法相结合的方式来开展鸟类多样性调查工作。同时，通过梳理历史资料，并借助鸟类分区直数法，我们能够精准掌握鸟类的动态变化情况。

7.6.1 历史资料收集与整理

收集调查范围内已有资料（发表和未发表的文献、新闻报道、观鸟爱好者记录等），结合访谈调查，掌握调查区域内的物种组成及分布的历史记录。

7.6.2 样线法观测

调查时的行进速度通常控制在 1.5～3 km/h。根据样线两侧的观测范围要求，可灵活采用不限宽度、固定宽度和可变宽度三种方法。调查过程中需记录观察到的物种及其个体数量。样线长度通常设置为 3～5 km，野外实习过程中可根据教学讲解情况，适当调整。

7.6.3 样点法观测

野外实习过程中，可在鸟类活动比较频繁的区域、集中繁殖区及水鸟越冬区设置调查样点，灵活运用不限半径、固定半径和可变半径三种观测方法，每个样点观测时间为 10～15 min（图 7.16）。详细记录观测到的鸟类种类、数量及其行为特征，包括水鸟和林鸟的觅食、繁殖集群等行为。条件允许时，可辅以鸟类录音回放法进行调查，采取录音设备记录鸟类的鸣叫声进行识别鉴定，或在繁殖季节于巢区周边架设摄像设备，远程监测鸟类孵育行为及幼鸟生长发育情况；也可通过网捕法捕获部分个体进行环志或安装追踪器，以研究鸟类迁徙规律和活动特征。

图 7.16　鸟类多样性调查观测

李鹏供图

7.6.4　分区直数法

针对水鸟或其他集群鸟类，在其集中聚集区，根据地貌、地形或生境类型对整个观测区域进行分区，逐一统计各个分区中的鸟类种类和数量，得出观测区域内鸟类总种数和个体数量。

鸟类鉴定主要依据观测个体的形态鉴别特征，包括体型大小、羽毛和表皮颜色等体表特征。部分物种可通过鸣声进行识别，对于一些野外不易辨别的物种，可拍摄清晰影像资料并咨询专家进行鉴定，或采集少量羽毛样本或死亡个体组织样本，根据其 DNA 鉴定结果来判断。

7.6.5 网捕法

根据研究需求，在特定区域或针对特定鸟类种群调查时，可使用雾网（长 12 m，高 2.6 m）等工具进行采样，系统记录研究区域内鸟类种类组成和数量。雾网布设完成后，需每小时检查一次；当鸟类种群数量较多时，可增加查网频次，完成数据采集后，应及时释放捕获的鸟类。

7.6.6 红外相机自动拍摄法

在鸟类活动区域布设红外相机辅助开展鸟类多样性调查，相机布设时应优先考虑水源地、求偶场、倒木、林间道路、觅食点等鸟类常活动地点或较开阔区域。红外相机架设位置一般距离地面 0.3～1.0 m，镜头与地面大致平行或略向下倾。架设方向应避免阳光直射，清理相机前的空间，避免杂草和树叶遮挡镜头，减少对红外感应自动拍摄成像质量的干扰。同时，应定期更换电池和数据存储卡。

7.7 兽类多样性调查与监测

根据体型大小，兽类可分为大型、中型和小型兽类三种。针对大中型兽类，主要采用红外相机自动拍摄法进行调查；针对小型兽类，主要采用笼捕法和铗日法来进行调查。此外，还采用样线法开展补充调查。

7.7.1　红外相机自动拍摄法

利用红外相机自动记录在其感应范围内活动的动物影像。相机可安置在动物的活动通道上或活动痕迹密集处，并定期下载数据，记录拍摄信息，进而建立信息库并归档保存。在野外具体操作时，可结合 GPS 位点及实际地图，找到每个网格的中心点，并在其附近 15～25 m 范围内选择实际相机布设位点（主要考虑靠近动物活动痕迹及动物活动通道）。同时，需要确定并记录每个相机实际布设位点的经度、纬度、生境类型和海拔等基本信息。

在安放红外相机前，应对相机各参数进行设置。例如，相机拍摄时间间隔可设定为 15 s，灵敏度设为中等，并调整好日期和时间，同时记录相机编号。设置完成后，将红外触发相机捆绑在粗细合适的树木底部，距离地面高度为 60～100 cm。每台相机需配备 8～12 节碱性电池和 1 张储存卡；若进行长期监测，需保证约 180 天更换一次电池和存储卡。更换电池和存储卡时，应同时对相机视场内影响相机工作的嫩枝、小草、蕨类植物和蜘蛛网等进行清理（图 7.17）。

图 7.17　红外相机自动拍摄法调查哺乳动物
李鹏供图

7.7.2　笼捕法和铗日法

野外实习中，可采用中号铁制捕鼠笼以及小号鼠铗调查小型哺乳动物（图 7.18）。以香肠为诱饵，在傍晚布好捕鼠笼，每行设置 10 个笼，笼距为 5 m，行距为 2 m，布设鼠笼的数目可根据调查强度需要和调查环境的具体情况来决定。捕鼠笼布放后，应在 1 昼夜内检查 2 次（早晚各 1 次）。检查时，如发现捕捉到鼠类等动物，则将其取出、拍照并进行鉴定，然后重新布设好捕鼠笼。同时，应做好记录，记录内容应包括布笼日期、地点、环境特征等。

图 7.18　笼捕法和铗日法调查小型哺乳动物

李鹏供图

7.7.3　网捕法

以捕获蝙蝠为例，对于洞穴或房屋栖息的蝙蝠种类，利用雾网或手网捕获；对于森林性的蝙蝠种类，则在林道或蝙蝠觅食场所安放竖琴网或雾网进行捕捉（图 7.19）。部分蝙蝠栖息的洞穴可以进行探查拍照记录（图 7.19）。每个调查样地根据地形和林间通道确定布网数量，在下午天黑前布设好网具，并于次日上午进行检视和收网，同时收集并记录捕获的动物种类、数量、样地编号、位置、栖息地环境以及干扰等因子。

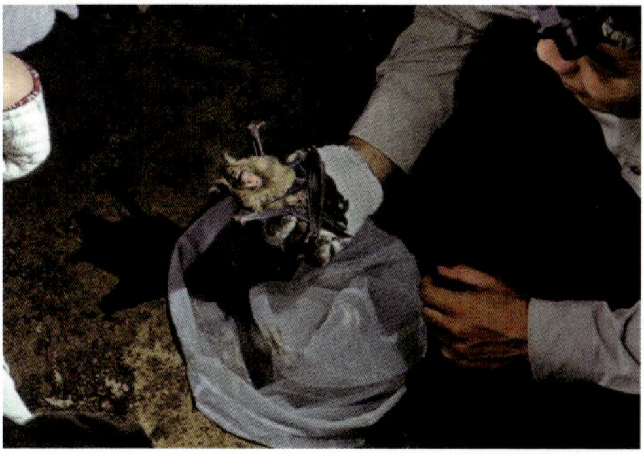

中菊头蝠 *Rhinolophus affinis*　　东亚伏翼 *Pipistrellus abramus*

图 7.19　网捕法调查翼手目哺乳动物

吴奕妍、李鹏供图

7.8　动物多样性调查实习案例

野外实习过程中，可根据实习区域的地形、植被和生境状况调整实习内容，或基于特定研究目的，对特定动物类群开展调查，并进行种群保护现状评价等研究性实习活动，如对庐山国家级自然保护区鸟类多样性开展调查。实习目标为掌握保护区内鸟类的种类组成、分布情况以及种群动态，同时评价其生境质量，分析受胁因素，最终总结并提出区域鸟类保护的科学策略与管理措施。

7.8.1　调查样点、样线布设

依据调查区域的植被状况、土地利用现状，并结合当地的地形地貌以及动物生境特点，将整个调查单元划分为湿地与湖泊、林地、丘陵农田和居民区等不同的生境类型。在布设样点时，需要综合考量野生动物的栖息地类型、活动范围、生态习性、透视度以及所使用的交通工具等因素。例如，在森林生态系统中，鸟类样点的半径通常设定为 25～50 m；而在湿地生态系统的开阔生境中，样点半径宜控制在 200 m 以内，具体数值可根据实际的生境类型进行调整。在本案例中，针对湿地与湖泊、林地生境，采用样点观察法开展调查，数据收集样式如表 7.1、表 7.2 所示。样线的布设应充分借助空间影像数据，确保在各生境类型中随机且均匀分布。样线长度统一设定为 2.5 km，其中，林地鸟类样线单侧宽度为 25～30 m，湿地和农田生态系统中样线单侧宽度为 50～200 m。调查过程中，行进速度需保持在 1.5～3 km/h。本案例中，对于农田和居民区生境的调查，采用样线观察法。样线分为不限宽度、固定宽度、可变宽度这三种类型，数据收集格式如表 7.3 所示。在庐山自然保护区鸟类调查中，总共设置了 20 条样线和 40 个样点。

表 7.1　分区直数法记录表

日期		天气		温度	
观测者		记录者		样点编号	
地点				海拔	
经纬度	经度	纬度	开始时间		
生境类型			结束时间		
人为干扰类型		人为活动干扰强度			

续表

潮汐状况				备注			
总种数				个体总数			
中文名	学名	数量		中文名	学名	数量	
		成体	幼体			成体	幼体

表 7.2　可变半径样点法记录表

日期		天气		温度	
观测者		记录者		样点编号	
地点				海拔	
经纬度	经度	纬度	开始时间		
生境类型			结束时间		
人为干扰类型		人为活动干扰强度			
备注					

中文名	学名	数量			个体总数	群体编号	与样点的距离/m
		雌	雄	幼体			

表 7.3　样线法记录表

日期		天气		温度	
观测者		记录者		样线编号	
地点				海拔	
起点经纬度	经度	纬度	开始时间		
终点经纬度	经度	纬度	结束时间		

续表

<table>
<tr><td colspan="2">生境类型</td><td colspan="2"></td><td colspan="2">样线长度/km</td><td colspan="2"></td></tr>
<tr><td colspan="2">人为干扰类型</td><td colspan="2"></td><td colspan="2">人为活动干扰强度</td><td colspan="2"></td></tr>
<tr><td colspan="2">备注</td><td colspan="6"></td></tr>
<tr><td rowspan="2">中文名</td><td rowspan="2">学名</td><td rowspan="2">与样线的垂直距离/m</td><td colspan="3">数量</td><td rowspan="2">个体总数</td><td rowspan="2">群体编号</td></tr>
<tr><td>雌</td><td>雄</td><td>幼体</td></tr>
<tr><td></td><td></td><td></td><td></td><td></td><td></td><td></td><td></td></tr>
<tr><td></td><td></td><td></td><td></td><td></td><td></td><td></td><td></td></tr>
</table>

7.8.2　调查方法与数据收集

根据《生物多样性观测技术导则 鸟类》（HJ 710.4—2014）和国家林业和草原局颁发的《陆生野生动物及其栖息地调查技术规程 第 4 部分：鸟类》（GB/T 37364.4—2024），综合多种方法对庐山自然保护区的鸟类开展调查。庐山保护区海拔在 30～1400 m，涵盖了常绿阔叶林、针阔混交林和落叶阔叶林等不同海拔的生境类型。样线法调查中，通过步行进行调查统计。调查活动在天气晴朗、风力不大（一般在 3 级以下）的条件下进行，时间主要为清晨或傍晚。步行速度一般控制在 1～2 km/h。调查时对路线两侧看见或听见的所有鸟类的种类及数量进行直接计数及记录，并记录观测到的鸟类所处的生境类型。样点法调查时，采用直接计数法记录观察到的动物实体，统计借助于单筒和双筒望远镜进行，并根据技术规程的要求进行野外数据记录。记录视野内观测到的鸟类种类和数量。如果群体数量极大或群体处于飞行、取食、行走等运动状态时，以 5、10、20、50、100 等为计算单元来估计群体的数量。为避免重复计数，只记录飞行方向与观察者行进方向相反的鸟类，调查过程中通过鸟鸣声和羽毛等其他痕迹辨识记录到的鸟类也纳入统计范围。

7.8.3 数据处理与分析

整理观测调查记录的鸟类多样性各类数据，进行 α 多样性和 β 多样性分析，计算分析方法参见中华人民共和国环境保护标准——《生物多样性观测技术导则　鸟类》（HJ 710.4—2014）。

7.8.4 调查报告撰写

鸟类观测报告内容主要包括封面、报告目录、前言、观测区域概况、观测目标、工作组织和观测人员信息、观测方法、观测结果（鸟类的种类组成、区域分布格局、种群动态与栖息地现状、面临的威胁与干扰等）、保护对策与建议、参考文献、致谢、封底等。观测报告编写格式参见表 7.4。

表 7.4　鸟类观测报告编写格式

封面	包括报告标题、观测区域生态景观图、观测单位、编写单位及编写时间
报告目录	一般罗列二到三级目录
正文	（1）前言
	（2）观测区域概况
	（3）观测目标
	（4）工作组织和观测人员信息
	（5）观测方法
	（6）观测结果（鸟类的种类组成、区域分布格局、种群动态与栖息地现状、面临的威胁与干扰等）
	（7）保护对策与建议等
致谢	
参考文献	参考《信息与文献　参考文献著录规则》（GB/T 7714—2015）规定执行
封底	观测区域生态景观图或鸟类多样性图

第 8 章
土壤地理学

土壤是地球陆地表面能够生长植物的疏松表层。它是在气候、地形、母质、生物等自然成土因素与人类生产活动综合作用下形成的历史自然体。各种成土因素所起的作用不可相互替代，且始终是同时、同地、不可分割地影响着土壤的产生和发展。随着成土因素及空间因素的变化，土壤也不断地形成和演化。

鉴于土壤形成因素呈现出地理分异规律，尤其是从南到北，呈现出赤道、温带、极地等地带性的规律变化。土壤的水平分布主要受到纬度地带性与经度地带性的共同影响，与此同时，大地形（例如高山、高原）也会对土壤的水平分布产生显著影响。土壤纬度地带性分布的形成，是因为太阳辐射从赤道向极地逐渐递减，这使得气候、生物等成土因子沿着纬度方向呈现出有规律的变化，进而使得地带性土壤大致平行于纬线呈带状分布。土壤经度地带性分布，则是由于海陆分布格局以及由此引发的大气环流，造成不同地理位置受海洋影响的程度存在差异，使得水分条件和生物等因素从沿海到内陆发生有规律的变化，从而使土壤大致平行于经线呈带状分布。土壤垂直带性分布表现为，随着山体海拔的上升，热量逐渐减少，降水在一定高度范围内递增，当超出该高度范围后则开始降低。这种变化导致植被等成土因素随高度发生有规律的变化，土壤类型也相应地出现垂直分带以及有规律的更替现象。

因此，在生态学野外实习中，有针对性地对不同类型的土壤进行性状观测及性质测定，并分析其形成原因，对于认识和研究土壤具有重要意义。本章旨在通过了解不同区域进行土壤调查选线的方法，掌握如何挖掘土壤剖面，观察土壤剖面，认识不同类型的土壤，了解和掌握不同土壤类型的性状特征，以及认识土壤形成过程与地形、植被、气候特征之间的相互关系。

8.1　土壤地理学野外实习目的与意义

土壤地理学野外实习是连接土壤地理学理论与实践的关键环节。开展土壤地理学野外实习，一方面能够紧密结合实际情况，将课堂所学的理论与知识加以应用和验证，进而加深对土壤地理学基本知识与理论的领悟；另一方面，有助于学习者掌握土壤地理学野外调查与制图的基本技能和方法。

土壤地理学野外实习的主要任务包括：了解实习区域的气候、植被、地貌、母质等成土因素的特点及其与土壤发生的联系；掌握主要土壤类型及其发生演变和分布规律；学习并掌握土壤路线调查（或概查）的方法；选择合适的土壤地理学调查路线；进行土壤剖面的选点、观察、描述与记录；采集土壤标本与样品；进行土壤图的调查与绘制；编写土壤调查报告等。

8.2 土壤地理学野外实习准备工作

8.2.1 地形图准备

地形图在土壤地理学实习中扮演着基础图件的重要角色，其实习区域比例尺的选定，需综合考量实习区域的大小、环境复杂程度以及土壤多样性等因素。若实习区域范围较小、环境复杂且土壤类型多样，宜选用较大比例尺的地形图，例如 1∶5000 至 1∶10000 的比例尺；而对于大范围的实习区域，则可采用 1∶100000 的比例尺。倘若手头没有地形图，可使用同比例尺的平面图作为替代。若实习工作涉及生产任务，还需要搭配行政图使用。此外，建议学生提前在手机上安装地图应用，以便在遇到突发状况或需要额外地理信息时能够及时获取，以满足实习过程中的各种需求。

8.2.2　资料准备

1. 自然成土因素资料

（1）气象、气候资料及气候图：气温、降水量、蒸发量、风、无霜期等资料及气候图。

（2）植被：植被类型、组成结构、覆被情况、指示植物以及植被分布图等。

（3）地貌：地貌类型、海拔以及地貌类型图等。

（4）母质和母岩：地质图、岩性分布图、区域地质构造、岩石种类、岩性及其分布规律，特别是第四纪成因类型。

（5）水文：地表水和地下水分布、水文特征、水文地质图。

2. 社会经济资料

人类活动在诸多方面对土壤的发生与演变产生着显著影响，同时还涉及当地的社会经济状况、农作物种植情况、农业生产结构、水利设施状况、施肥情况，以及旅游业、城市和工矿业发展对土壤造成的影响。

3. 土壤资料的准备

实习区域的有关土壤图、土壤调查报告、论文或专著。

8.2.3 物品准备

土壤地理学野外实习的物质准备包括采样和记录用具、土壤野外速测仪器及试剂。此外，还有必需的生活用品等。

（1）采样和记录用具：主要指挖掘土坑和采集土壤标本及分析样品的用具。一般常用的有土锹、土镐、土铲、土钻、取土刀、土壤标本盒、土袋、标签、钢卷尺、剖面记录本等。

（2）土壤野外速测仪器及试剂：便携式土壤 pH 计、便携式电导率速测仪、芒塞尔标准色卡、1∶3 的稀盐酸。

（3）必需的生活用品。

8.3 土壤野外调查选线

8.3.1 山区土壤路线调查选线

在开展相关工作时，首先要秉持垂直于等高线的原则来选定路线，确保该路线从山下延伸至山上，能够穿越不同海拔区域所分布的各种植被类型、母质类型，并经过不同的土壤垂直带。其次，要充分考量山体规模的大小，清晰区分丘陵、浅山、中山和深山之间的差异，以及不同坡向、坡度和局部地形对土壤形成与发育产生的不同影响。最后，在山区选线时，最好选择从河谷起始。如此一来，不仅能够满足上述要求，还可以观察到河流水文、母质与地形等因素对土壤形成及分布的综合影响（霍亚贞和李天杰，1986；徐树建等，2015）。

8.3.2　平原区选线

平原区土壤变化相对简单，但仍需考虑地貌、地形和母质对土壤分布的影响。选线时，应确保垂直于等高线，以覆盖主要的地貌单元和母质类型，从而观察多种土壤类型并掌握其分布规律。同时，应选择具有代表性地形和母质的地段，如河流冲积平原上的完整阶地。在农耕区选线时，应涵盖主要耕地类型，包括水田、旱地、经济作物区和草场（霍亚贞和李天杰，1986；徐树建等，2015）。

8.4 土壤剖面的设置与挖掘

8.4.1 土壤剖面的设置

1. 土壤剖面种类

（1）自然剖面指的是由于自然作用或人为活动而暴露出来的土壤层（图 8.1），与之相对，专门剖面则是为开展土壤调查而临时挖掘形成的。在野外调查过程中，利用自然剖面具有诸多优势，它能够节省人力、物力和时间资源，同时还可以观察到土壤层次的连续变化情况，这对于理解土壤的特性以及分布规律十分有帮助。然而，需要注

图 8.1　庐山山麓红壤自然剖面

李平供图

意的是，那些暴露时间较长的自然剖面，可能会因风化作用而发生一些变化。因此，在进行观察、记录和采样之前，需要先剥除其表层，以暴露出新鲜的断面。

（2）人工剖面：指根据土壤调查绘图的需要人工挖掘而成的新鲜剖面，有时也被称为土坑。按剖面的用途和特性，又可分为主要剖面、检查（或对照）剖面、定界剖面三种。

主要剖面：也叫基本剖面，是为了全面研究土壤的发生学特征，从而确定土壤类型及其特性而专门设置挖掘的土壤剖面。其目的是全面确切地掌握土壤的发生、发育的全部特性及其生产性能（图 8.2）。它应该是从地表向下直接挖掘到母质层（或潜水面）出露的人工新鲜剖面。因此，主要剖面都要求挖大坑，自地表向下，贯穿全部土层，直至没有什么变化或者变化很弱的母质和基岩为止。

图 8.2　庐山山地黄棕壤人工剖面

李平供图

检查剖面：也叫对照剖面或次要剖面，是为检查主要剖面所观测的土壤特性的稳定性和变化程度而设置的。它的设置，一方面，可以丰富和补充修正主要剖面的不足；另一方面，又可以帮助调查绘制者区分土壤类型。检查剖面应比主要剖面数目多而挖掘深度浅，其深度只需要挖掘到主要剖面的诊断性土层为止,一般在1.0～1.5 m的深度，所挖土坑也应比主要剖面小，目的在于检查是否与主要剖面相同。如果发现土壤剖面性状与主要剖面不同，就应考虑另设主要剖面。

定界剖面：为检查和修正土壤分布界线而设置，其深度只要求能确定土壤类型即可，一般不足1 m或更浅，常用土钻取土观察，不必挖坑，但数量应多于检查剖面。定界剖面主要适用于大比例尺土壤图的调查绘制，在中小比例尺土壤图的调查绘制中使用较少。

2. 土壤剖面的选点

土壤剖面点的选定，原则上每种土壤类型（或制图单元）在调查路线上至少要设置一个剖面点。具体位置应设于具有代表性的地形部位上。若在地势、植被、母质等呈相应变异的地区，就要按中地形（或小地形）不同部位分别设置主要剖面。在不同成土因素的组合下，均应设置主要剖面，至于设置多少，可根据调查绘制的详细程度和每个主要剖面所代表的面积大小而定。剖面点的具体位置，还应避开公路、铁路、坟地、村镇、水利工程、池塘、游客密集点等受人为干扰活动影响较大的特殊地段，以确保所设的主要剖面点真正成为当地具有代表性和典型性的土壤剖面。

8.4.2　土壤剖面的挖掘

根据《第三次全国土壤普查技术规程规范（修订版）》，剖面挖掘应遵循以下原则：①剖面挖掘地点应在景观部位、土壤类型、土地利用等方面具有代表性；②剖面的观察面应向着阳光照射的方向，避免阴影遮挡；③剖面的观察面上部严禁人员走动或堆置物品和土壤，以防止土壤压实或土壤物质发生位移，干扰观测和采样；④挖出的表土和心底土应分开堆放于剖面坑的左右两侧，观察完成后按土层原次序回填，以保持表层土壤的肥力水平。

1. 平原与盆地区

在平原与盆地等平缓地区，土壤剖面坑宽度一般为 1.2 m、观察面深度为 1.2～2 m（如遇岩石，则挖到岩石面；在地下水埋深小于 2 m 的地方，以挖至地下水面为止）、观察面长度为 2～4 m（一般 2 m），具体见图 8.3。

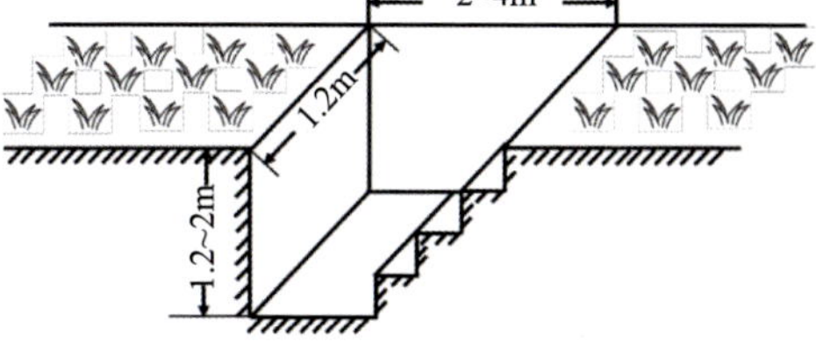

图 8.3　平原与盆地区土壤剖面示意图

2. 山地与丘陵区

受地形和林灌植被等影响，在无法选取相对平缓、植被遮挡较少的景观部位挖掘剖面时，可选择裸露的断面或坡面作为剖面挖掘的点位，然而为了保证剖面的完整性和样品免受污染，修整剖面时，应向自然断面或坡面内部延伸 30 cm 以上，直至裸露出新鲜、原状土壤。

8.5 剖面的观察和描述

土壤剖面开挖或修整完成后，首先，要对剖面进行土壤发生层次的划分，然后，需要逐层将土壤的形态特征记录于相应的剖面记载表中（表 8.1）。

表 8.1 土壤剖面性状记载简表

剖面编号：　　　　暂定土类：

采样地点：　　　　采样时间：　　　　采样人：

土层深度	
土壤颜色	
土壤根系	
质地类型	
土壤结构	
土壤湿度	
结持性	
新生体	

续表

侵入体	
土壤动物	
pH	
石灰反应	
亚铁反应	

8.5.1　土壤发生层次的划分

根据剖面形态特征差异，结合对土壤发生过程的理解，划分出各个土壤发生层。剖面形态特征观察主要从目视特征和触觉特征两个角度进行。

（1）目视特征，观察肉眼可见的土壤形态学差异，包括颜色、根系、砾石、斑纹-胶膜-结核等新生体、土壤结构体的类型和大小、砖瓦陶瓷等人造物侵入体、石灰反应强弱、亚铁反应强弱等的差异。

（2）触觉特征，是指通过用手触摸，能够感知到土壤质地、土体与土壤结构体在坚硬度或松紧度方面，以及土壤干湿状况等方面存在的差异。

8.5.2　土壤发生层次的命名

按照一般的剖面划分模式，土层由上向下依次为 O 层（有机层）、A 层（淋溶层）、E 层（漂白层）、B 层（淀积层）、C 层（母质层）和 R 层（基岩层）几个大的层次。根据剖面样点的土壤发生层特点，依据基本发生层类型，命名并记录土壤发生层名称与符号，符号以英文大写字母表示，如表 8.2 所示。

表 8.2　基本发生层及其描述

土层编码	描述
O	有机层（包括枯枝落叶层、草根密集盘结层和泥炭层）
A	淋溶层（腐殖质表层或受耕作影响的表层）
E	漂白层
B	淀积层（物质淀积层或聚积层，或风化 B 层）
C	母质层
R	基岩层
K	矿质土壤 A 层之上的矿质结壳层（如盐结壳、铁结壳等）

注：K 层为不常见土层。

需要注意的是，在自然界中的土壤剖面，尤其是山丘地区的土壤，剖面的构型并不一定是完整的 O-A-E-B-C-R 构型。由于发育环境条件的制约，很可能会缺失某些土层。

8.5.3　剖面形态的记述

剖面层次划分已定，就要对各层形态进行观察和记录。土壤发生层的形态学特征，包括发生层深度、颜色、根系、质地、结构、结持性、湿度、新生体、侵入体、土壤动物等指标。

1）深度

记录每个发生层的上界和下界深度。

2）颜色

颜色是土层最直观的外部特征，像红壤、黄壤、棕壤、黑土等，就是以颜色来命名的土壤类型。

3）根系

记录土体中植物根系的形态特征，包括丰度、粗细以及根系性质。

4）质地

依据简易质地类型，在野外快速判断土壤质地，如砂土、砂壤土、壤土、粉壤土、黏壤土、黏土。

5）结构

土壤结构指的是土壤颗粒的排列与组合形式，常见的形态一般有粒状、块状、棱柱状、片状、核状等。

6）结持性

结持性是指土壤结构体在手中挤压时破碎的难易程度。

7）湿度

土壤湿度即土壤干湿的程度。在野外，土壤湿度通过手感经验来判断，一般分五级，如干、稍润、润、潮、湿。

8）新生体

新生体是指土壤发生过程中物质淋溶淀积和重新集聚所形成的生成物。

9）侵入体

指因人为活动由外界加入土体中的物质，它不同于成土母质和成土过程中所产生的物质。

10）土壤动物

调查土壤中动物的活动情况，可以作为肥力判断的间接指标，如蚯蚓、蚂蚁、田鼠、甲虫等。

8.5.4　土壤化学性质速测

土壤化学性质野外速测的内容很多，这里着重介绍野外常用的和必须在野外速测的一些项目，包括 pH、石灰反应、亚铁反应等指标，如图 8.4 所示。

图 8.4　野外土壤速测实验（pH，石灰反应、亚铁反应）
张国友、颜兴供图

1）pH

野外土壤 pH 测定使用混合指示剂比色法，分为 pH 4～8 和 pH 7～9 两种。酸性土壤用 pH 4～8 指示剂，石灰性或盐碱土壤用 pH 7～9 指示剂。操作时，取少量土样，加蒸馏水和指示剂，搅拌后静置，观察颜色并与标准比色卡对比以测定 pH。

2）石灰反应

石灰反应的野外测定依据碳酸钙与稀盐酸反应产生二氧化碳气泡的原理进行。具体操作时，只需将 10%的稀盐酸直接滴在被测土样上，观察泡沫反应的有无和强弱即可。

3）亚铁反应

亚铁反应适用于可能具有潜育化过程或特征的土壤类型。在野外鉴定还原性土壤中的 Fe^{2+}时，加入邻菲罗啉试剂，会形成橘红色的配合物。

4）碱化反应

土壤碱化反应的判别用于识别碱化土壤。在进行测定时，可以使用酚酞指示剂。

8.6　土壤样品及纸盒标本的采集

纸盒标本指土壤剖面调查过程中，从野外采集并保存于纸盒中的一组保持自然结构形态的土壤发生层土块标本，每组土块标本的排列顺序与剖面发生层次序保持一致。主要服务于比土评土、展示等任务。

标本盒通常由小木板、硬纸或有机玻璃制成，其规格一般为长 20 cm、宽 5 cm、厚 2 cm。标本盒分底盒和盖两部分，底盒内部又被分隔成 5～7 个小格。由于此种标本采集数量较多，因此每个检查剖面均应采集纸盒标本。在采集此种标本时，需沿土壤剖面自下而上采集每层土壤的典型部位土块，土块大小应与纸盒分格相当，并尽量保持其自然土壤结构。之后，在盒盖表面或底盒侧面贴上长条形标签，标明剖面编号、采样地点、采样时间及采样人等信息（表 8.1）。

8.7 不同类型土壤剖面特征比较与分析

8.7.1 不同海拔梯度土壤剖面特征比较

1. 目的和意义

了解不同土壤剖面的典型特征；探索海拔对土壤形成的影响，分析不同海拔梯度下土壤剖面特征的差异。

2. 实习内容

（1）根据不同海拔梯度下土壤剖面的形态特征确定土壤类型，划分出各个土壤发生层并测定不同海拔梯度下土壤剖面的发生层次。

（2）根据土壤发生层的形态学特征，对各层形态进行观察和记录，以及进行土壤化学性质的快速测定。

（3）比较不同土壤类型之间的差异及形成原因。

8.7.2　坡向对山地土壤形成的影响

1. 目的和意义

了解不同坡向对山地水热条件、植被分布的影响，以及这些影响如何继而作用于土壤的形成；分析土壤剖面的分异规律与气候、生物、地形等要素之间的关系，了解区域土壤分布的规律性及其土壤演化趋势。

2. 实习内容

（1）分别选择某一山地同一高度的阳坡和阴坡，根据两个坡向土壤剖面的形态特征来确定土壤类型，并对各土壤发生层的形态学特征进行观察和记录。

（2）观察和分析两个坡向植被分布规律，了解两个坡向山地水热条件的差异，分析坡向对植被、水热条件的影响。

（3）比较两个坡向土壤类型的差异，分析坡向对土壤形成的影响。

第 9 章

土壤动物调查

土壤动物由一系列生活在土壤表层、土壤孔隙以及根际土壤周围的不同动物类群组成。它们的生活方式、取食习性、在土壤中的移动，以及它们的分泌物和死亡残体，能够直接或间接影响周围环境。其中，尤其是土壤动物的生物活性对土壤过程和肥力的影响最深。土壤动物对土壤过程的影响可以分为物理影响、化学影响和生物影响三种类型。这些影响程度与参与土壤过程的土壤动物种类密切相关，因此，监测与识别土壤中的动物种类显得尤为重要。

9.1 土壤动物调查方法

土壤动物常见类群多样，可依据其形态特征和生活习性采取不同的调查方法。例如，对土壤线虫、螨虫等类群的调查，可采用常规五点取样法（如 S 形、W 形、X 形等均可，如图 9.1 所示）进行随机取样或随机分层次纵向剖面采样。取样常用 2.5 cm 直径的土钻，每钻土样重量为 100～200 g，建议至少 5 钻土的混合样作为一个土壤样品（图 9.2），样品应装入自封袋或收纳盒中保存（若天气过于炎热，样品应尽快置于低温环境），并写好标签，带回实习基地或实验室后及时（一周之内）使用浅盘法、蔗糖漂浮离心法或贝尔曼漏斗法（图 9.3）分离土壤动物，并进行显微观察、鉴定和数据分析。

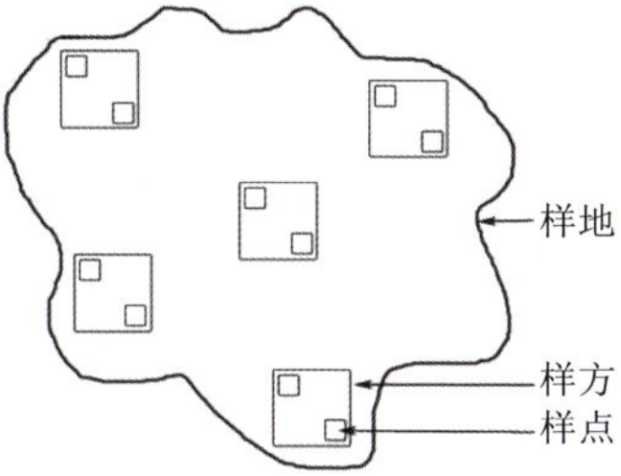

图 9.1　土壤动物采集样方布设方式示意图

钱昌元绘图

图 9.2　土壤螨类样品采集

刘冬供图

图 9.3　土壤动物标本分离装置示意图

刘冬供图

在野外实习过程中对蚯蚓、白蚁、甲虫等类群的野外调查可使用挖掘法、电击法和驱虫剂法，配合这些调查方法可使用手拣法（用镊子或吸虫管）分离采集各类群土壤动物。调查收集的各种蚯蚓、白蚁、甲虫等动物可分别保存于自封袋、收纳盒或标本瓶中，并带回实习基地或实验室进行鉴定。蚯蚓标本一般麻醉舒展身体后再固定保存，按规范加上标签后，一般用 5%～10%甲醛液进行长期固定保存，或甲醛固定 1～2 日后，移入 75%的酒精中封存。

野外实习调查过程中还应详细记录样品编号、样品类别、采样时间与采集人、采样地点生态数据（包括经纬度、温度、湿度、海拔、地形地貌、天气、植被状况、生态类型、人类干扰强度等），以及感染植被或动物的种类、感病特征等。通过线虫群落结构、分布特征及生态功能（各项生物多样性指数计算等）的分析，可指示森林、土壤或动植物群体食物网结构和功能变化情况。

9.2　典型土壤动物的观测与识别

9.2.1　蚯蚓

蚯蚓是寡毛纲正蚓科正蚓属的无脊椎动物（图 9.4），全体由多数环节组成；头部包括口前叶和围口节两部；围口节腹侧有口，上覆肉质的叶；背部紫灰色，后部色稍淡，刚毛圈稍白，14～16 节；雌性生殖孔 1 个，雄性生殖孔 1 对。

图 9.4　蚯蚓及其在土壤中的栖息

刘群供图

根据蚯蚓习性和栖息地的差异，主要可以划分为以下三种生态类群：表栖类、深栖类和内栖类（图 9.5）。表栖类蚯蚓，体型较小（成熟个体一般身长小于 15 cm），生活在土表的枯枝落叶层，体表色素分布均匀，它们可以加快枯枝落叶的分解速度，但不会将其混入矿质土壤中；深栖类蚯蚓（成熟个体一般身长大于 15 cm）主要生活在土壤里，以表层的枯枝落叶和土壤为食，体表色素集中在背部前端，在土壤中挖掘垂直方向的永久性通道，在天气潮湿时或夜间来到土壤表面收集枯枝落叶，并将其拖入通道中；内栖类蚯蚓，生活在矿质土壤层次，以土壤为食，挖掘通道多为水平方向。

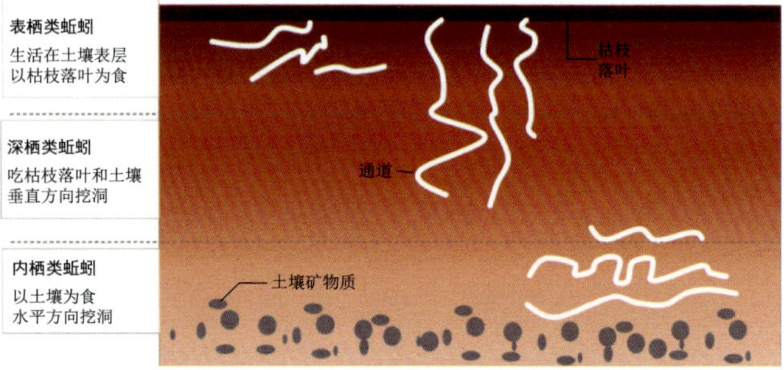

图 9.5　不同蚯蚓类型及其生活和栖息习性

张彬绘图

9.2.2　白蚁

白蚁是群居性土壤动物，根据其分工的不同可以分为蚁后（负责繁殖后代）、工蚁和兵蚁（图 9.6）。白蚁通过通道挖掘和土丘建造影响土壤的孔隙度和结构(图 9.7)，同时，它们还通过运输、切碎和进食等活动来影响土壤中的有机质和养分含量。

图 9.6　白蚁蚁后及工蚁和兵蚁

来源：Wikimedia Commons

图 9.7　白蚁建造的土丘

来源：Wikimedia Commons

9.2.3　蚂蚁

蚂蚁是膜翅目蚁科一类昆虫动物，它们在土壤中运输食物和构建洞穴（图 9.8），会影响土壤理化性质，但这种影响没有蚯蚓和白蚁的影响大。一些蚂蚁能够切割植物叶片，进而将大量的有机物质和养分带入土壤。

图 9.8　蚂蚁将土壤颗粒从巢穴中运出来
张彬供图

9.2.4　双翅目幼虫

双翅目幼虫食性广而杂（图 9.9），大致分成以下四类：植食性，这类幼虫多为农作物害虫（如潜蝇科种类潜食叶、实蝇科种类蛀食果实、某些水栖长角亚目幼虫以藻类为食）；腐食性或粪食性（如花蝇科、毛蚊科、毛蠓科的某些种类），这类幼虫取食腐败的动物、植物或粪便；捕食性（如食蚜蝇科、斑腹蝇科、黄潜蝇科的某些种类）；

寄生性（如寄蝇科、头蝇科、眼蝇科和网翅虻科），这类幼虫寄生于昆虫体内，其中，寄蝇幼虫寄生于黏虫、地老虎、玉米螟、松毛虫等重要农林害虫体内，而皮蝇科、狂蝇科、胃蝇科的幼虫寄生于牛、羊、马的体内。它们可以通过在土壤中的移动影响土壤理化性质和结构。

图 9.9　双翅目黑带食蚜蝇属幼虫

高凡供图

9.2.5　甲虫

甲虫是昆虫中种类最多的类群之一，它们食性广而杂，能以真菌、植物根系、其他无脊椎动物、腐烂的木屑、粪便、尸体等为食（图 9.10）。其中，与土壤密切相关的甲虫主要有粪甲虫、象甲科、金龟科、葬甲科、步甲科、拟步甲科等，这些甲虫的幼虫会以植物根系为食，对植物的生长造成影响。其中，粪甲虫通常在夜间活动，利用月光和星光的指引，寻找食物并运回巢穴中。

图 9.10　粪甲虫及其幼虫

来源：Wikimedia Commons

9.2.6　甲螨

甲螨是节肢动物门蜱螨亚纲甲螨目的一类体型微小的动物（图 9.11）。因大多数种类体壁强烈骨化，形似甲虫而得名。它们在世界范围内广泛分布，包括南、北极地区以及海拔 5000m 以上的高寒地带。作为自由生活的螨类，甲螨主要栖息于土壤中，尤其在土壤表面约 5cm 的范围内数量最多，但在腐殖质层较厚的土壤中（如森林表层土壤），即使深入土层，也能发现大量甲螨的存在。甲螨主要以有机质和微生物为食，是土壤生态系统重要的分解者之一，对于土壤的形成和肥力的提升具有积极作用，因此被视为一类良好的土壤环境指示生物。

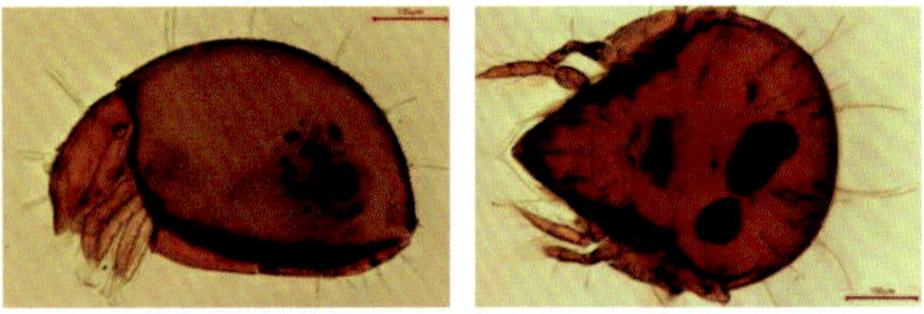

图 9.11　哈氏端三甲螨（左）和卡圆单翼甲螨（右）

刘冬供图

9.3　土壤动物多度的观测与分析

9.3.1　目的与意义

不同海拔梯度和不同土地利用方式下地上植被和土壤理化性质不同，导致生活在土壤中的动物类群和它们的生活习性存在明显差异。通过本实验的操作，参与者将了解不同海拔梯度和不同土地利用方式下土壤动物多度的测定方法及差异，并明确这种差异与土壤物理性质和土壤中有益或有害土壤动物的关系。

9.3.2　实习内容

1. 土壤剖面的挖掘与分装

选择不同海拔梯度（山底和山顶）或不同土地利用方式下（森林、草地和农田）的样地为研究对象，挖 25 cm 长、25 cm 宽、30 cm 深的土壤剖面。挖之前去除土壤表层的枯枝落叶。通过观察土壤中的通道和孔隙，理解土壤动物对土壤结构的影响。

2. 土壤样品的分装

将土壤剖面按照层次分为 0～10 cm、10～20 cm、20～30 cm。将不同海拔梯度和不同土地利用方式下的不同土层单独保存在样品瓶中并做好标记。

3. 土壤动物识别

按照前面的土壤动物分类进行识别并分装，记录每一种类的数量，带回实习基地或实验室进行进一步鉴定。总结不同海拔梯度和不同土地利用方式下的土壤动物类群的差异。

4. 土壤动物多度计算

按照表 9.1 或表 9.2 对所得数据进行整理并计算总数，然后将所得总数乘以 16（因为 1 m^2 相当于 4×4 个 25 cm×25 cm 的小正方体土壤），从而得到每平方米土壤中土壤动物的数量，以此作为不同海拔梯度或不同土地利用方式下土壤动物的多度。接下来，分析不同海拔梯度和不同土地利用方式下土壤动物多度的差异，并探讨造成这种差异的主要原因。最后，思考所得结果是否能够用来指导农田管理方式的调整。

表 9.1　不同土地利用方式每种土壤动物的数量（示例）

土地利用方式		数量							多度/m^2
		蚯蚓	白蚁	蚂蚁	双翅目幼虫	甲虫	甲螨	总数	
森林	0～10 cm								
	10～20 cm								
	20～30 cm								

续表

土地利用方式		数量							多度/m^2
		蚯蚓	白蚁	蚂蚁	双翅目幼虫	甲虫	甲螨	总数	
草地	0～10 cm								
	10～20 cm								
	20～30 cm								
农田	0～10 cm								
	10～20 cm								
	20～30 cm								

表 9.2　不同海拔梯度下每种土壤动物的数量（示例）

海拔	数量							多度/m^2
	蚯蚓	白蚁	蚂蚁	双翅目幼虫	甲虫	甲螨	总数	

第 10 章 森林水文过程调查

森林生态系统水分过程研究的是森林中的水文要素特征和水分运动规律，旨在探究垂直梯度的水分传输和植被生理生态过程机制。森林生态系统水分过程包括大气降水过程、冠层降雨截留、土壤入渗、森林蒸散及径流形成等多个方面，具体调查了森林生态系统中水分的运动规律，以及森林生态系统的基本功能与水文特征之间的相互关系。

10.1　森林生态系统蒸散量观测

森林蒸发蒸散是森林生态系统水量平衡和能量平衡中的重要因素，不仅影响着森林水资源的合理利用，还对全球水循环和区域气候变化产生重要影响。森林蒸散量的测定对于理解森林水文功能和生态系统的结构至关重要，对森林水文循环具有重要意义。森林蒸散量的测定可从枝叶、单木、林分到区域（流域）等不同尺度进行，每个尺度都有其特定的测算方法。例如，单木尺度的蒸腾量可以通过热脉冲速度记录仪来测定，而林分尺度的蒸腾量则可能需要结合气象数据和土壤水分状况来进行估算。常用的测定尺度包括单木及林分尺度。

10.1.1　树干液流量

在地势平坦的典型林分内设置单木树干液流量观测场，选取土壤、地形、地质、生物、水分和树种等立地条件具有代表性的林分区域，避开道路、河流、林缘、防火道等干扰因素，确保植被分布均匀，无病虫害。观测场面积为 30 m×30 m，林木总数达到 200 株以上。对观测场的林木进行每木检尺，测定每株树木的胸径、树高，并记录树种、年龄和林层信息，按径阶对每株树木进行记载和统计。在此基础上，根据样地林木分布的径阶范围，选择不同径阶的样木，每个林分选择 8 株或 8 株以上样木作为单木树干液流的观测样木。所选样木直径≥3 cm 时，采用组织热平衡系统（又称插针式液流计）（图 10.1）；而样木直径<3 cm 时，采用茎干热平衡系统（又称包裹式液流计）（图 10.2）。

图 10.1　插针式树干液流监测

图 10.2　包裹式树干液流监测

1. 组织热平衡系统

组织热平衡系统又称插针式液流计，安装步骤：①确定观测样木后，在观测样木表面选择安装传感器的位置，距离地面 1～2 m 为宜。先去除老的粗糙树皮，然后清除出一个 4 cm 宽、10 cm 长的矩形空间。注意去除树皮时不要损伤树皮下的软木层。②钻孔前，用 10%的 Chlorox（0.52%次氯酸钠）漂洗钻头。每次换样木时重新漂洗钻头，以防止疾病在样木之间传播。将钻模平放在准备好的位置表面，硬木树应使用直径 0.059 cm 的小钻头钻孔，而软木树使用 0.063 cm 的较大钻头（或先使用小钻头，插入传感器探针吃力时再换用较大直径的钻头），两个钻孔之间的距离为 40 mm，保持在垂直直线上。取下钻模，并且利用注射器吸取过氧化氢冲洗钻孔。③将传感器的加热探针插入钻孔，并将参比探针插入下面的钻孔。每次大约插入 10 mm，交替推动每个探针直到钻孔最深处，使针杆的 2～3 mm 露出树皮外。④探针插好后，在其周围涂抹胶泥，形成防水密封。在传感器探针的两侧安装 1/4 球状泡沫，用胶带将泡沫块固定在树干上，再用反射性泡沫铝膜将探针、泡沫块与树干包裹起来，并在外套加锡箔作为护罩，以阻止太阳光照射在测量进行的位置或测量位置的下方。包裹上方要密封，防止水分进入，包裹下方应留些空隙。⑤插入电极，电极间放置温度传感器，将电极与控制模块的加热端连接，接通电源，并包裹防辐射膜。

2. 茎干热平衡系统

茎干热平衡系统又称包裹式液流计，安装步骤：①样木上观测点的选择与树干表面的处理方法同组织热平衡系统。②处理完树干表面后，固定热电偶附件在树干上。先打孔，将针插入茎干。③安装上部传感器，检查绝缘泡沫是否紧贴温度传感器支架，以及传感器外的锡箔是否保持圆柱形并均匀围绕茎干。以同样方式安装下部不带加热部分的传感器，检查方法同上部传感器。④传感器周边需留有 20 cm 长的空间。若树干有结节，可放在传感器两个圆柱体之间。⑤安装上部、下部防辐射膜，用聚氯乙烯（PVC）胶带勒紧，注意树干和缆线间留有缝隙，使凝结水流出。⑥连接传感器电缆到控制模块，将控制模块连接到数据采集器和电源上。

单木液流观测系统的数据处理操作如下：借助通用串行总线或者异步传输标准接口，把数据采集器与电脑相连，随后运行 Mini32 软件，从数据采集器内存中下载所有数据。

10.1.2　林分蒸散量

林分的总蒸散量难以直接观测，通常观测典型林分内的局部地块，再推算到整个林分。森林生态系统蒸散量的测量有 3 种方法：水量平衡法、水分运动通量法和蒸渗仪法。

1. 水量平衡法

水量平衡法通过计算区域内水量收入与支出差额来推求蒸散量。测定特定时段的降雨量、径流量、土壤水分变化量等因子，根据水量平衡方程计算。

$$I - O = \Delta S$$

式中，I、O 分别为区域的输入、输出总水量；ΔS 为区域内部蓄水量的变化量。

2. 水分运动通量法

水分运动通量法是从土壤水分运动出发结合土壤物理状况来研究蒸发量的一种方法。水分运动通量法有两种，即零通量法和定位通量法，由于零通量面并非任何时刻都存在，常用定位通量法计算蒸发量或入渗量。

采用定位通量法时，测得林地定位点上、下的水吸力或基质势（ψ_{m1},ψ_{m2}），同时标定该处土壤非饱和导水率与基质势关系 $k(\psi_m)$，设上、下两点的垂直坐标分别为 z_1 和 z_2，则 $z_r=(z_1+z_2)/2$，$\Delta z=z_2-z_1$，以表示这两点的基质势（魏天兴等，1999），由达西定律可知该处的通量为

$$Q(z_r)=-k(\psi_m)\left(\frac{\psi_{m1}-\psi_{m2}}{\Delta z}+1\right)$$

式中，ψ_m 为 ψ_{m1} 和 ψ_{m2} 的平均值。由此可得 t_1～t_2 时间段内单位面积上流过的土壤水量 $Q(z_r)$，而任一断面处相应的水量由下式给出：

$$Q(z)=Q(z_r)+\int_{z}^{z_r}\theta(z,t_2)\mathrm{d}z-\int_{z}^{z_r}\theta(z,t_1)\mathrm{d}z$$

当 z=0 时，即为地表处的水通量，也就是蒸发耗水量。

3. 蒸渗仪法

蒸渗仪法是一种基于水量平衡原理发展起来的植物蒸发、蒸腾量测定方法。将蒸渗仪（装有土壤和植物的容器）埋设于土壤中，并对土壤水分进行调控，可有效反映实际的蒸发、蒸腾过程，再通过对蒸渗仪的称量，可以得到蒸发、蒸腾量。目前，常用的蒸渗仪主要有称重型和渗漏型两种。

蒸渗仪法是一种直接测定蒸散量的方法，蒸渗仪法的测量结果比较可靠，但设计复杂、成本昂贵，器内植株的代表性对蒸发测定有影响，器内水分调节有一定困难，因此其应用受到限制。目前，随着仪器的不断完善和改进，采用自动称重式蒸渗仪长期连续观测单个林分或植物群落蒸散量已经成为可能（图 10.3），为此推荐使用蒸渗仪法进行林分蒸散量观测。

图 10.3　蒸渗仪

10.2　森林生态系统水量空间分配格局观测

森林生态系统水量空间分配格局观测场的建立是为了完成森林水文过程的观测和研究。按照空间格局能够对森林内的水分循环进行详尽的观测，包括植被层、枯落物层、土壤层（图 10.4），具体包含林外降雨量、穿透降雨量、树干径流量、枯枝落叶层持水量、地表径流量、土壤含水量、壤中流量等。开展对森林生态系统不同层次水量空间分配格局以及水量平衡的分析工作，能够深

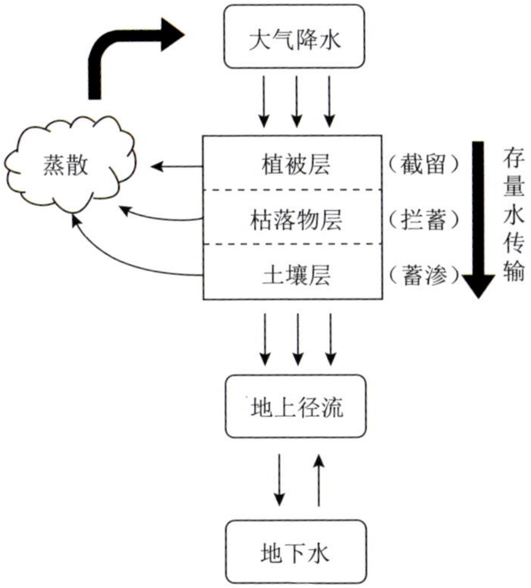

图 10.4　森林水量空间分配格局

入揭示森林生态系统水文要素在时间和空间上的分布规律。这一分析不仅能为研究森林植被变化对水分分配和径流调节的影响提供基础数据支撑，还可为森林生态系统的可持续管理以及水资源的合理利用提供科学、可靠的依据。

10.2.1　大气降水过程

林外降雨量的观测设施要安装在森林降水再分配观测场周边的林外或林中空地。林外安装地点应设置在离林缘距离约等于树高 1～2 倍处，林中空地面积至少 20 m×20 m，也可架设在森林小气候观测塔的上方，需高出林冠层 2 m。林外降雨量观测设施主要采用全自动雨量计或标准雨量筒测定林外降雨量。仪器水平放置在指定地点，可自制铁架、木台，收雨口的高度为 60 cm。除此以外，也可放置激光雨滴谱仪，观测降雨量、降雨强度、降雨速度、降雨粒径大小及分布谱图，但需要使用全自动雨量计或标准雨量筒进行对比观测。

在观测林外降雨量的同时，可以在安装全自动雨量计、标准雨量筒或激光雨滴谱仪的位置，配置水样采集装置。传统的水样采集装置非常简陋，其容器的材质可能会影响水质的监测结果。因此，水样采集装置应使用玻璃、陶瓷、塑料等不影响水质监测的器皿。

10.2.2　林冠截留过程

穿透降雨量观测的难点在于观测场内量水设施的合理布置。基于几十年的野外观测经验可知，若将标准雨量筒置于密闭冠层下方，观测到的可能全是林冠滴下雨量；若将其放置在林冠间隙下方，观测到的或许仅为林冠通过雨量。为解决这一问题，一方面需对观测设施进行改进，把雨量筒替换为槽式受雨器；另一方面，在量水设施的具体安装方面，强调要随机或垂直等高线进行布设。具体的安装要求如下：在森林降水再分配观测场内，需随机或垂直等高线布设 5～6 个槽式受雨器。槽式受雨器应安装在树冠下方，且要避免安装在林窗位置，受雨器口须高出林地地面 60 cm。槽式受雨器的一端底部应设置出水口，出水口处连接数据采集器。此外，在观测场内，需根据样地的形状和面积安装全自动雨量计。先在样地中标出方格线，然后在方格网的交点处均匀布设该装置。

关于穿透降雨量观测设施，根据已建森林生态站多年实际运行情况来看，采用自制的槽式受雨器效果很好，根据当地实际降雨量，自制长 2 m 或 3 m、上口宽 20 cm、三角形尖底的槽式受雨器，其一端底部留有一出水口，另焊接一段延长管，插入一段软型水管，插入数据采集器的入水口中。槽式受雨器的材质可使用镀锌铁皮、工程塑料等。之所以要求自制，主要是由于各地穿透降雨量差异非常大。

在观测穿透降雨量的同时，可以将穿透降水水样采集装置放置在槽式受雨器旁，围绕一些树木摆放（围树采样），或在观测场内系统摆放（样地采样）。每个观测场应布设 10～15 个采样装置（图 10.5）。

图 10.5　穿透雨收集

10.2.3　树干茎流

国内树干茎流观测主要采用环箍截水法、缠绕法。

环箍截水法主要是在选定的样树上操作，具体做法是用薄铁皮（也可使用聚乙烯橡胶管）在树干基部绕一圈，形成一个截水环。接着，用导管将截水槽（或截水环）与地面上的集水装置相连通，从而将树干茎流水引入集水装置中进行观测。然而，这种方法存在一定局限性，由于它可能会对树木的生长造成限制，所以实际采用的情况并不多。此外，仅在树木基部设置一处这样的装置来承接水量，观测数据的精准性还有待进一步提高。

首先，需自制树干茎流的导流管。选取一根直径为 2～3 cm 的聚乙烯橡胶管，其长度根据样木的树高和胸径来确定。使用锋利的刀具，在聚乙烯橡胶管直径 1/3 的位置，沿着 45°角切开，保留 2/3 的聚乙烯橡胶管备用。接着，在选定的样木上，把聚乙烯橡胶管的开口朝上，从树干胸高直径处开始，向下以螺旋形缠绕在已刮平树皮的样木树干下部，以此形成截水槽。缠绕树干时，要使其与水平面呈 30°角，缠绕 2～3 圈后，用钉子将其固定，并用密封胶将接缝处密封严实。之后，将聚乙烯橡胶管的末端伸入集水装置的进水口中，用密封胶带把导管固定在进水口处，便可进行观测。这种方法的优势在于，导流管可以环绕在树干上，对树干径向生长的影响较小。而且，由于在树干上环绕了 2～3 圈，能够有效承接树干径流（图 10.6）。

图 10.6　树干茎流观测

10.2.4　枯落物层截留

在森林水文过程的观测中，枯枝落叶层的截留量的观测是指原位枯枝落叶层截留水量的监测，有些研究关注枯枝落叶层的最大持水能力，即观测其持水量，这在《森林生态系统长期定位观测方法》（GB/T 33027—2016）有详细说明。但由于枯枝落叶层持水量不是原位观测，因此，枯枝落叶层持水量并未作为森林降水再分配过程中枯枝落叶层截留量的体现。

在枯枝落叶层截留量观测设施及仪器设备建设上，相关观测设施及仪器需安装在森林降水再分配观测场内，可安置于槽式受雨器旁。具体设置 5～6 个漏斗式量水装置。在进行枯枝落叶层截留量观测时，可将漏斗式量水装置的出水口接入地面集水装置，以收集雨水用于水质分析；也可直接使用漏斗式量水装置承接雨水进行水质分析。收集到枯落物样品后，使用精密电子天平对样品进行称重并记录数据。随后，将样品放入烘箱，在 70～80℃的条件下烘干至恒重。待样品冷却后，再次进行称重，从而得到样品的干重。

10.2.5 地表径流过程

地表径流是森林集水区或流域总径流量的一部分，由暴雨产生并在一定区域内形成薄薄的水流层。森林生态站观测和研究的是不同林分中的地表径流。开展地表径流的观测及深入研究，对于减少森林水土流失、揭示森林水文功能来说，具有重要的实际意义。

地表径流量是森林生态站一项长期观测的重要项目。因此，地表径流观测场的建设除了考虑它的代表性、准确性和可比性外，还必须考虑观测工作能否长期定位运行的可行性。

10.2.6　土壤水分

在森林生态系统水量空间分配格局观测场中，单列土壤水分观测场是为了将整个森林生态系统水量空间分配格局完整地进行观测与研究。这里所指的土壤水分主要来源于大气降水，并经过林分的地上截留和过滤。

在土壤水分观测场建设中，地点可选择在地表径流观测场或坡面水量平衡观测场周边。同时，样地选择应考虑林地不同坡向、坡位。土壤水分观测样地面积 10 m×10 m，每个样地内设置 3 个观测点，观测点沿样地对角线均匀分布。根据土壤层最大土层深度确定测量深度，安装时域反射仪（TDR）和土壤水分观测管，把时域反射仪的探头放入观测管内，分别测量不同深度土壤含水量（图 10.7 和图 10.8）。

图 10.7　土壤水分监测

图 10.8　土壤水分测定仪

土壤水分观测中，需要用到下列物品及仪器：土铲、土钻、铁锁、十字镐、钢卷尺、GPS 定位仪、罗盘仪、环刀、铝盒、样品袋、记号笔、TDR、土壤水分观测管等。

土壤含水量观测方法如下：①观测深度根据土壤层最大土层深度确定，一般为 1 m 左右。②安装 TDR 和土壤水分观测管。③把时域反射仪的探头放入观测管内，分别测量 0～10 cm、10～20 cm、20～40 cm、40～60 cm、60～80 cm、80～100 cm 深度的土壤含水量（图 10.9）。

图 10.9　环刀

10.3　森林水文过程实习

10.3.1　不同林分类型林冠雨截留量的测定

1. 实习目的

结合庐山森林不同植被结构调查，理解林冠截留容量的概念，明确林冠对降雨的截留作用，掌握林冠雨截留量的测定方法，比较不同林分类型的林冠雨截留量，对于准确理解不同林型的生态水文功能具有重要意义。

2. 工具器材

雨量筒、记录本等

3. 实习内容

1）观测降雨量

选择观测的林分类型，并在林内随机设置 16 个标准雨量筒，在附近林中空旷地设置 1 个标准雨量筒，用于观测林外的大气降雨量，其观测值近似等于林上大气降雨量。观测时，对于时间间隔大于 2h 的降雨，按两次降雨分别记录。

2）计算林冠实际截留量

按照各个雨量筒的实测值，林内雨量采用算术平均法计算。林冠实际截留量等于大气降雨量与林内雨量之差，即林冠实际截留量=大气降雨量–林内雨量。由于树干径流在本实验中影响很小，因此可以忽略不计。

3）分析截留量与降雨量

按照林冠截留容量概念，点绘出实际截留量与降雨量的相关图，然后取其上包线，即森林截留容量与降雨量的函数关系。

每组计算一种林分类型林冠雨截留量（表 10.1），并绘制截留量与降雨量的关系图。

表 10.1　林分截留容量记录表（示例）

序号	林内雨量/mm	大气降雨量/mm	林冠实际截留量/mm
1			
2			

10.3.2　枯枝落叶层持水量的测定

1. 实习目的

结合对庐山森林不同植被结构的调查，引导学生了解枯枝落叶层持水量调查的方法。通过本次实验，学生将达成以下目标：理解枯枝落叶层具备拦蓄和渗透降水的能力，以及其在减少地表径流方面所发挥的作用；对比不同枯枝落叶层持水量的差异；熟练掌握枯枝落叶层持水量测定的操作方法；绘制出枯枝落叶层吸水曲线。

2. 工具器材

测绳、收集带、塑料盆、塑料绳、记录本、烘箱等。

3. 实习内容

1）枯落物收集

选择所调查的林木树种、选择有代表性的区域设置样地（20 m×20 m），在样地 4 个角和中心设置 5 个小样方（1 m×1 m），收集枯落物。

2）枯落物浸泡

将每个样方的枯落物放在塑料盆内浸泡，浸泡过程中应注意使所有的枯落物放置于水面以下，并在水位下降后及时加水，持续浸泡 24h 后，拎出刚好不滴水时称重（W_s），每隔半小时称重，记录各小时的持水量，并按照表 10.2 格式记录整理，绘制枯落物吸水曲线。

表 10.2　各小时持水量记录表（示例）

项目	时间								
	1h	1.5 h	2 h	2.5 h	3 h	3.5 h	4 h	4.5 h	$\frac{n+1}{2}$h
重量	W_1	W_2	W_3	W_4	W_5	W_6	W_7	W_8	W_n

3）烘干枯落物

将称重后的枯落物放入 85℃烘箱烘至恒重后称重（W_g），在烘干过程中应有人随时监控，以免引起火灾。

4. 数据处理与分析

将记录的数据汇总，按如下方法计算持水量和持水率：

$$\text{枯落物最大持水量} = W_s - W_g$$

$$\text{枯落物持水率} = (W_s - W_g)/W_g$$

每组测定一个样方的枯枝落叶物的持水量，并计算达到最大持水量所需的时间。

第 11 章

涡度通量观测与数据分析

涡度通量观测技术是生态学研究的关键工具，用于直接测量地表与大气之间的碳、水和能量交换。这项技术在生态学、气象学和气候变化研究领域发挥着至关重要的作用。其主要目标是监测碳水循环和能量交换，评估气候变化对生态系统的影响等，并为生态系统模型的改进提供观测数据。此外涡度通量观测技术对于全球碳排放的核算和实现碳中和目标具有重要的科学意义。

11.1　涡度相关通量观测技术概述

涡度相关通量观测技术作为一种微气象学观测手段，具备连续监测大气与生态系统间温室气体交换及水热通量的能力。该技术通过物理量脉动与垂直风速脉动的协方差计算，实现湍流输送量的定量分析。其观测指标主要包括风速脉动、物质标量浓度脉动、湿度脉动和温度脉动等。涡度相关通量观测技术以其坚实的理论基础和几乎无假设的计算过程，被广泛认为是目前唯一能直接测量生物圈与大气间能量和物质交换通量的标准方法。在局域尺度上，它在测定生物圈与大气间痕量气体通量方面获得了广泛的认可和应用。图 11.1 为南京信息工程大学生态与应用气象学院 2021 年在江苏省扬州市建立的稻麦轮作农田生态系统的 CO_2、H_2O 和 CH_4 涡度通量观测塔。

图 11.1　南京信息工程大学稻麦轮作农田生态系统涡度通量观测塔

涡度通量观测塔在监测湖泊碳水通量方面也发挥着关键作用，它能够实时追踪湖泊与大气之间二氧化碳、甲烷等气体的交换。利用涡度相关通量观测技术，科学家们能够精确测量湖泊生态系统内的碳水通量。这些数据对于理解湖泊碳循环、评估碳排放和吸收的平衡状态至关重要，有助于阐明湖泊在全球气候变化中的角色。

11.2　通量数据的观测方法

11.2.1　观测系统及其基本要求

通量观测站的观测项目设置会因研究目标和植被现状的不同而有所变化。但通常通量观测站的建立需要确保能够收集到湍流涡度通量数据，并在此基础上，配置一系列辅助观测系统以解释通量观测结果和分析过程机理。表 11.1 详细列出了标准通量观测站所需观测的对象、项目以及标准仪器设备。

表 11.1　标准通量观测站的测定项目

测定对象	测定项目	标准仪器
湍流过程	动量通量	三维超声风速计
	显热通量	三维超声温度计
	水汽通量	三维超声风速计、红外气体分析仪
	CO_2 通量	三维超声风速计、红外气体分析仪
	脉动的大小	三维超声风速计、红外气体分析仪
平均梯度	风向风速分布	风向计、三杯风速计、二维超声风速计
	气温分布	通风温度计
	湿度分布	通风温度计
	CO_2 浓度分布	红外气体分析仪
辐射	太阳辐射（上、下）	辐射收支表

续表

测定对象	测定项目	标准仪器
降水		雨量、积雪量筒
气压		气压计
土壤呼吸		箱式法、扩散法
土壤水分		TDR
温度	土壤温度分布	测温电阻线、热电偶
热流量	地表温度	辐射温度计、热流板、温度分布
形态	叶面积指数	冠层分析仪、全天摄影
	叶面积密度	冠层分析仪、全天摄影
	枝、干的生物量	野外取样分析
CO_2 交换	光合量/呼吸量	光合蒸腾测定装置
	单叶、枝和干光合量/呼吸量	同化箱
	气孔阻力	光合蒸腾测定装置
温度	叶面/树木温度	辐射温度计、热电偶
蒸腾		树干茎流量、光合蒸腾测定
辐射	光合有效辐射	光合有效辐射表
	光合量子通量密度	光量子传感器
其他	枯死量、落叶量	凋落物收集框
	展叶、落叶	冠层分析仪

鉴于众多观测设备与项目的需求，建设通量塔时首先要考虑选址。应该选择地势平坦的区域，避免选择在山谷区域内。其次观测设备必须满足以下条件：①高灵敏度，通常使用的三维超声风速计、红外 CO_2/H_2O 分析仪和 CH_4 分析仪应具备足够高的频率响应，以测定垂直风速和 CO_2 浓度的所有湍流脉动高频成分。同时，垂直风速与 CO_2 浓度的乘积应在一个适当的时间长度内进行平均。②良好稳

定性，通量观测仪器的稳定性应满足长期连续观测的需求。开路涡度相关系统在雨中无法工作，因此仪器需具备防雨功能，确保观测不受天气影响。相比之下，闭路涡度相关系统受天气影响较小。③空间结构配置，大尺度空气运动对物质和能量传输的贡献随测定高度增加而增加。因此，仪器灵敏度一定时，为了测量更大范围的湍流，安装高度可能需要适当增加，但高度增加可能超出近地边界层顶部，即惯性亚层范围，需特别避免这种情况出现。同时，应考虑三维超声风速计、红外 CO_2/H_2O 分析仪和 CH_4 分析仪的空间配置，尽量减少传感器空间分离导致的误差。④数据采集与存储，必须确保有高效稳定的数据采集系统，并且由于长期连续测定，数据量巨大，需要高性能大容量的数据存储空间。⑤电力供应，由于大多数通量观测站位于偏远山区，能否提供连续稳定的电力是涡度相关系统能否持续运行的关键。

11.2.2　涡度通量的测定及其关键设备

生态系统通量观测研究的核心在于测量湍流变化和涡度通量，而这些测量所依赖的仪器是关键设备。进行湍流变化和涡度通量的观测项目，主要涉及风速脉动、二氧化碳、水汽、湿度及气温脉动等要素。为了确保这些要素的观测结果准确，必须遵循湍流变化分析和涡度通量计算的规范，选择恰当的采样频率、测量精度和分辨率。因此，不仅需要高精度的观测设备，还必须具备确保设备正常运行和维护的必要条件。

1. 风速脉动测定

对于涡度相关法而言，风速计必须能够以超过 10Hz 的频率准确测量风速的三个方向（*u*，*v*，*w*）。特别是，垂直方向的风速（*w*）相较于水平方向的风速（*u*，*v*）要小得多，因此对风速计的分辨率要求更高。同时，该设备在户外使用时需要能够进行连续监测，并且具备良好的抗环境影响能力和长期稳定性。目前，唯一能够满足这些要求且值得信赖的设备是三维超声风速计。

2. CO_2 和水汽浓度与脉冲测定

测定二氧化碳和水蒸气的浓度，可采用基于红外吸收原理的红外 CO_2/H_2O 分析仪。市场上的不同型号产品，其工作原理是基于二氧化碳和水蒸气在红外区域对特定波长（二氧化碳：4.3μm，水蒸气：2.6μm）的辐射吸收，从而测定其密度或浓度。具体操作是通过测量光源与接收器之间的辐射吸收率来计算气体的密度。这些仪器根据光路分析的配置，主要分为开路型和闭路型两种。

开路型分析仪：开路型红外线分析仪与超声波风速计相似，其测量路径直接与大气接触，利用高于 10Hz 的频率来测量空气中二氧化碳和水蒸气的密度波动。这种设备亦被称作二氧化碳和水蒸气气体分析仪，其工作原理满足涡旋相关技术的标准。美国 Li-COR 公司生产的 LI-7500DS

是此类产品的典型代表。

闭路型分析仪：在进行通量测量时，若采用开路分析仪，其传感器长期置于户外可能会导致设备故障或测量精度降低。此外，由于测定光路直接暴露于外界，易受降水、露水、尘埃和杂物等环境因素影响。因此，在涡度相关测量法中，人们倾向于使用闭路分析仪。闭路分析仪通过将空气吸入仪器内部进行测量，通常配备有分散型红外分析仪作为核心部件。除了核心部件，还需要气泵和采样管。尽管闭路型分析仪在时间响应上可能不及开路型，但由于其较高的稳定性，它在通量观测领域得到了广泛应用。在众多分析仪中，LI-COR 公司的 LI-7200RS 型号是涡度相关测量中使用最广泛的代表性机型。

11.3　通量数据的计算、校准与分析评价

11.3.1　数据采集装置和方法

在连续观测中应用涡度相关法时，连续记录和保存仪器信号输出，需要数据采集装置。这些装置通常采用电脑操作、数据采集器或两者的结合。选择合适的方法应根据现场的具体情况，包括电源类型（交流或直流）、容量、

数据提取频率和方式、存储需求，以及是否利用电话网线或局域网（LAN）等通信手段。确定数据采集装置规格时，需了解仪器的信号输出类型、采样频率、数据分辨率和信号幅度。为保证数据采集的连续稳定，必须预先考虑停电、噪声干扰和故障应急措施。

11.3.2　通量数据处理的一般流程

观测数据的处理、结果计算和校正是通量观测的关键过程，当前 ChinaFLUX 的数据采集、数据处理和数据存储以及结果计算和校正的一般流程如图 11.2 所示。

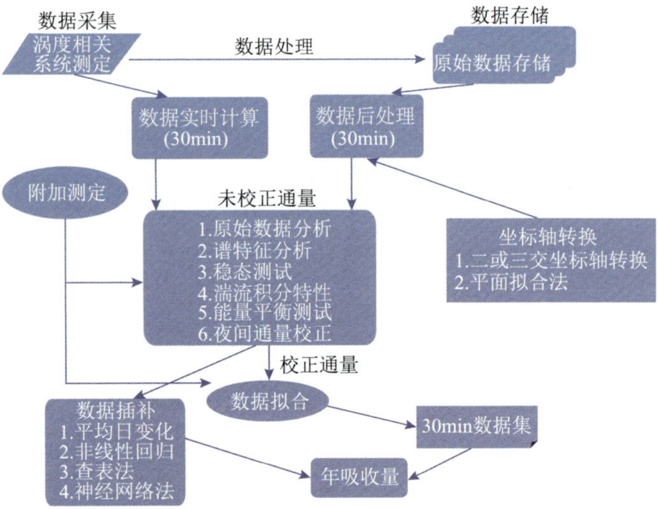

图 11.2　ChinaFLUX 数据采集、数据处理和数据存储以及结果计算和校正的流程图

来源：于贵瑞和孙晓敏等，2017

11.3.3　数据校正与分析

在进行通量计算时，原始数据信号的拆分是至关重要的，它包括平均值和脉动成分的分离。这一数据处理方法的必要性体现在两个方面：首先，通过数据的平均值来设定合适的坐标轴框架；其次，利用平均值和脉动成分来进行数据质量的控制。数据质量控制的理论基础是湍流理论。目前，将原始信号分解为平均值和脉动成分的方法主要有三种：时间平均法、线性趋势去除法和滑动平均法。

对于通量观测和计算，关键步骤包括数据采集、校正和结果验证等。在涡度相关通量观测技术的数据采集过程中，需要确定合适的采样频率，并选择去除噪声的方法，以便准确统计一段时间内的平均通量。通常，涡度相关通量观测的采样频率为 10 Hz，平均周期为 30 min。无论是开路还是闭路观测系统，最初获得的都是 10 Hz 的原始数据，但在观测过程中，由于仪器故障、恶劣天气或复杂地形等因素，数据可能会异常或缺失。因此，为了准确估计生态系统长期碳交换量，必须对数据进行适当的处理和校正。

而闭路系统通量由于其系统的特殊性，观测数据的处理和校正主要包括以下几个方面：①剔除和筛选异常数据。根据诊断文件剔除闭路系统标定时的观测数据，然后进行数据筛选，通常在数据偏离 4 倍方差时视为异常值并剔除。②计算闭路系统的延迟时间，以消除超声波风速计和闭路系统红外分析仪测定时间不同步的问题。③计算协方差和通量。④进行坐标轴旋转。⑤对通量进行水热校正。⑥对闭路系统的管道衰减进行校正。

为了简化数据分析，Li-Cor 公司推出了 EddyPro 涡度协方差数据处理软件。EddyPro 是一款功能强大的涡度协方差数据处理软件，用于计算 CO_2、H_2O、CH_4、其他痕量气体和能量通量。EddyPro 野外版 SmartFlux 系统安装在野外涡度监测站上，可实时提供处理完成的通量数据，并且提供多种处理方法对仪器获取的原始数据进行深入分析。

11.3.4　能量平衡闭合评价

依据热力学的基本原理，即第一定律，即便通量观测站的生态环境和生物气候条件各异，生态系统中的能量总量也应当保持不变。因此，对不同通量站点能量闭合性的分析，是验证数据准确性的关键方法。从理论上讲，湍流所携带的显热（H）与潜热（λE）的总和，理应等同于有效能量［即净辐射量（R_n）减去土壤热通量（G）以及观测到的生态系统中空气、温度和生物量的储存热通量（S）］。

当湍流的显热与潜热通量之和与有效能相平衡时，我们可以认为通量观测数据的质量是令人满意的。但是，在众多通量研究站点中，包括一些草地和森林观测站点，能量不闭合现象普遍存在。这种现象在森林冠层上方的湍流通量观测中尤为常见，其不闭合程度一般在 10%～30%。

能量不闭合的原因众多，其中涡度相关通量观测误差只是其中之一。目前，国际上对通量观测过程中出现的能量不闭合现象提出了多种解释，可能引起能量不闭合的因素包括：①取样误差；②仪器系统误差；③高频和低频通量成分的损失；④能量平衡方程中相关能量项的忽略；⑤平流/泄流效应等。这些因素有些与涡度相关测定系统有关，有些则与测定系统无直接联系。因此，能量平衡闭合测试只能作为数据质量评价的参考之一，而不能作为涡度相关测定数据质量评价的绝对标准，也不能用于通量数据校正。

11.4　涡度通量数据处理和分析实习

11.4.1　气象因子对生态系统碳通量的影响分析

1. 目的与意义

利用庐山野外通量塔，学生将深入了解通量塔的观测设备、观测原理和运行维护工作。通过这一学习过程，学生将熟悉通量塔观测指标的生态学意义、原始数据的下载及预处理方法。同时，学生将掌握分析通量塔观测的总初级生产力、净初级生产力、生态系统呼吸和生态系统蒸散的日变化和月变化特征的方法，并研究气象因子对生态系统碳通量的影响。这一实习旨在增强学生对涡度通量设备和数据的理解，同时培养学生处理和分析数据的能力。

2. 实习内容

（1）学生将参观庐山森林生态系统国家定位观测研究站的野外通量塔，了解涡度通量塔的测定原理、仪器组成和数据采集存储过程。在学习过程中，学生将学会使用 LoggerNet 软件查看通量塔数据，并下载近 3 个月的观测数据。

（2）学生将分组对原始通量数据进行预处理。在小组内，将学习如何安装 EddyPro 本地版软件，并按照异常数据筛选剔除、数据插补、坐标轴旋转和通量水热校准等步骤对通量数据进行处理。最终，每个小组需提交处理计算后 30 min 的通量数据，以此加深对通量塔观测数据预处理的理解。处理后的通量数据表格参见表 11.2。

（3）把各小组的通量数据整合起来之后，学生将以小组为单位，分别剖析总初级生产力、净初级生产力、生态系统呼吸以及生态系统蒸散的日变化与月变化特征。通过参与这一学习过程，学生能够更为深刻地理解通量塔对 CO_2 和水进行连续观测所蕴含的生态学意义。

（4）借助空气温度、饱和水汽压亏缺、光合有效辐射、CO_2 浓度、土壤温度和土壤湿度等气象因子，开展对这些气象因子如何影响生态系统总初级生产力、净初级生产力、生态系统呼吸以及生态系统蒸散的分析。通过这一学习过程，学生能够更为深入地理解气象因子与生态系统碳通量之间错综复杂的关联。

表 11.2　常见通量塔数据中英文名称对照表和变量单位

中文变量名	英文变量名	单位
时间标签	TIMESTAMP	量纲为一
记录条数	RECORD	量纲为一
CO_2 通量	FC	μmol CO_2 /（m^2 • s）
CO_2 通量	FC_mass	mg /（m^2 • s）
CO_2 通量质量等级	FC_QC	量纲为一
计算 CO_2 通量采样总数	FC_samples	量纲为一
CH_4 通量	F_CH4	μmol CH_4 /（m^2 • s）
CH_4 通量	F_CH4_mass	mg/（m^2 • s）
CH_4 通量质量等级	F_CH4_QC	量纲为一
计算 CH_4 通量采样总数	F_CH4_samples	量纲为一
潜热通量	LE	W/m^2
潜热通量质量等级	LE_QC	量纲为一
计算潜热通量采样总数	LE_samples	量纲为一
地表蒸散	ET	mm
蒸散质量等级	ET_QC	量纲为一
显热通量	H	W/m^2
显热通量质量等级	H_QC	量纲为一
计算显热通量采样总数	H_samples	量纲为一
净辐射	NETRAD	W/m^2
土壤热通量	G	W/m^2

续表

中文变量名	英文变量名	单位
土壤热储量	SG	W/m^2
能量闭合度	energy_closure	%
能量平衡度标识	poor_energy_closure_flg	量纲为一
波文比	Bowen_ratio	量纲为一

11.4.2 比较不同生态系统碳通量的差异

1. 目的与意义

利用庐山野外通量塔、南京信息工程大学生态与应用气象学院扬州稻麦农田涡度通量塔和太湖通量塔的观测数据，深入分析并比较不同生态系统间碳通量的差异。通过这一过程的学习，能够了解生态系统碳通量观测的关键参数，熟悉数据处理与分析的基本软件和方法，并深入理解生态统计学的相关知识。此外，学生还将了解不同生态系统碳通量差异的特征，从而培养其对多源数据的理解和分析能力，并激发其对生态系统碳通量研究的兴趣。

2. 实习内容

（1）在实习期间，学生将分别获取同一时段内南京信息工程大学生态与应用气象学院扬州稻麦农田涡度通量塔以及太湖通量塔的 30 min 观测数据。之后，学生将分组对这些数据展开深入剖析，探究森林、农田和湖泊生态系统的总初级生产力、净初级生产力、生态系统呼吸、生态系统蒸散的日变化与月变化特征，同时分析甲烷通量的相应变化特征。此外，学生还会对不同生态系统的碳水通量变化过程和特征进行比较，把 CO_2 和 CH_4 数据加以整合，以此计算各生态系统的碳汇能力。

（2）为更全方位地掌握不同生态系统的碳汇能力，学生将学习运用单因素方差分析方法以及科研绘图软件。借助这些方法和工具，学生可对森林、农田和湖泊生态系统的碳汇能力、蒸散量以及水分利用效率展开对比分析。通过这一系列分析，学生能够精准找出不同生态系统碳汇能力存在差异的缘由，进而为其后续开展科研工作筑牢坚实基础、提供有力支撑。

第 12 章
无人机在生态调查中的应用

无人机（unmanned aerial vehicle，UAV）是一类不载人的飞行器，可以通过远程操控或自主飞行的方式在多种环境下执行任务。它不仅在技术上具有多样性和先进性，而且在应用上具有极大的灵活性和广泛性。无人机在生态学研究中有广泛的应用前景，其最直接的应用是收集植被光谱信息，监测土地覆盖类型及其变化。此外，无人机还可以在监测生物多样性、生态系统变化、野生动植物保护等方面发挥重要作用。无人机在收集植被信息方面，依据搭载的传感器类型，可以进行以下几种类型的数据收集：

（1）覆盖度：通过无人机拍摄的高分辨率影像，可以准确提取地面植被覆盖度，这对于监测植物生长状况和生产力估算有关键作用（图 12.1）。

图 12.1　不同覆盖度的森林区域
左图：覆盖度高；右图：覆盖度低

（2）健康状况：分析无人机影像中的植被颜色和纹理，可以帮助检测植物病害或水分胁迫的迹象，服务于植被的健康状况评估（图 12.2）。

图 12.2　不同健康状况的玉米冠层
左图：健康玉米冠层；右图：受虫害玉米冠层

（3）生物量：结合地面测量数据和遥感数据分析，无人机还可以用于估算植被的生物量，这对于评估生态系统服务功能及生态系统管理具有重要意义（图 12.3）。

（4）类型和分布：利用图像处理技术结合专家知识，无人机可以帮助识别不同的植被种类，并绘制它们的空间分布图，有助于生态学研究和自然资源管理（图 12.4）。

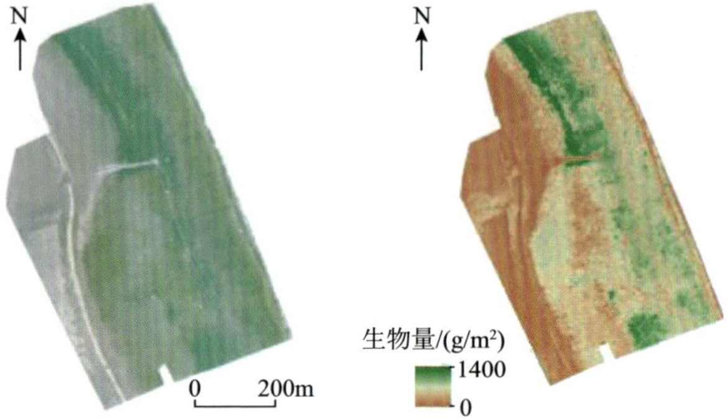

(a)D样区无人机真彩色影像　(b)D样区无人机生物量反演结果影像

图 12.3　无人机地上生物量反演

来源：高燕等，2019

图 12.4　基于无人机的树种分类制图

来源：http://www.sinespec.cn/news/431.html

（5）冠层结构：通过搭载激光雷达传感器可以进行激光点云数据收集。激光雷达数据可以提供植被的垂直结构信息，如树冠高度和林分密度，对森林资源管理有重要价值（图 12.5）。

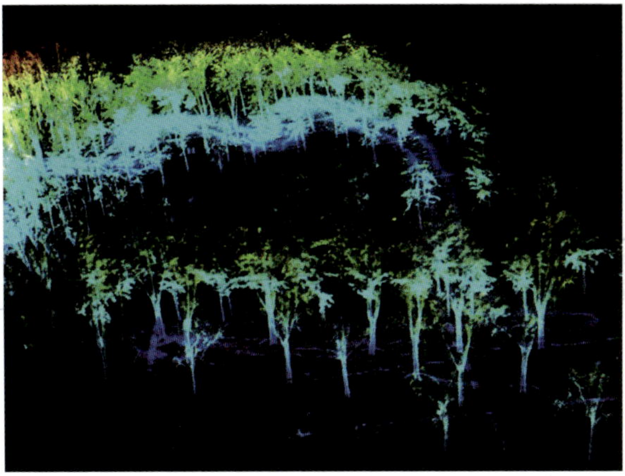

图 12.5　激光雷达点云冠层结构图

12.1　无人机的飞行准备

无人机类型多种多样，本实习选用在操作上相对简单、功能上能满足野外多光谱数据收集的大疆 M300RTK 4 旋翼无人机为例，通过搭载 MS600Pro 多光谱传感器和 ZENMUSE L1 激光雷达传感器进行数据收集与分析。

1. 设备安装

首先安装无人机支架，将两侧支架固定安装好后取出无人机，放置在空旷地面。然后展开机翼，拧紧旋钮，并安装多光谱相机（图 12.6 和图 12.7）。

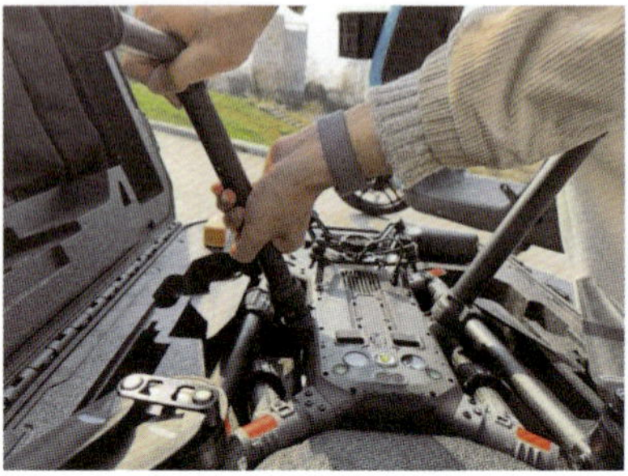

图 12.6　安装无人机支架

图 12.7　安装云台相机

2. 连接 DJI Pilot APP

开启飞行器与遥控器后连接无人机，连接成功后进入相机界面，可预览到相机拍摄的画面和推送的状态信息（图 12.8）。

图 12.8　无人机遥控器校对

3. 任务规划

首先，打开相机的重叠率触发模式并设置好航向重叠率，然后进入 DJI Pilot 的航向飞行界面，创建航线，选择

“建图航拍”模式，点击屏幕提示框生成测绘区域。生成测绘区域后，在弹出的菜单中选择“自定义相机”，进入自定义相机选项，点击“新建相机”，填入相应的参数，完成相机模型的创建。选择使用 MS600 Pro 相机后，设置航线飞行高度、起飞速度、航线速度参数。点击“高级设置”可以设置重叠率参数，其中航向重叠率必须与相机重叠率模式下的航向重叠率相同（图 12.9）。

图 12.9　无人机飞行参数设置

4. 灰板拍摄操作流程

若需要精确的反射率数据，每次飞行前后应该通过灰板进行相机系统的标定（图 12.10）。

图 12.10　无人机多光谱数据采集前的灰板拍摄

5. 激光雷达数据采集操作流程

激光雷达数据的采集流程与上述多光谱数据采集流程大致相同，但是注意在采集过程中需确保实时动态测量技术（RTK）开启且进行预热。

6. 无人机数据处理

无人机数据的拼接和处理将采用大疆无人机配套的软件进行，其中多光谱和激光雷达数据分别使用 Yusense Map 和 DJL Terra 软件进行处理。具体流程参照软件操作流程即可。

12.2　调查区植被指数反演

常用的植被指数包括归一化植被指数（normalized

difference vegetation index，NDVI）和增强型植被指数（enhanced vegetation index，EVI）。其中 NDVI 是常用的一种植被指数，计算公式为（NIR−RED）/（NIR+RED），其中 NIR 代表近红外波段，RED 代表红波段。EVI 是另一种应用比较广泛的植被指数，它克服了 NDVI 易受土地背景影响和容易饱和的缺点，计算公式为 2.5×（NIR−RED）/（NIR+6×RED−7.5×BLUE+1），其中 BLUE 代表蓝波段（图 12.11）。

图 12.11　无人机反演 NDVI 指数分布图

12.3　调查区植被高度模型重建

利用激光雷达数据重建高度的步骤与多光谱数据采

集处理过程类似。

数据采集：需要通过激光雷达设备对目标区域进行扫描，获取原始点云数据。这些数据包括激光光束的旋转角度、距离值和反射强度等信息。

点云数据重建：在获取原始点云数据后，采用 DJI Terra 软件将原始数据转化为通用点云数据格式，以便于不同软件平台的共享读取和使用。此外，DJI Terra 软件可以自动生成一个拍摄区的高度模型（图 12.12）。

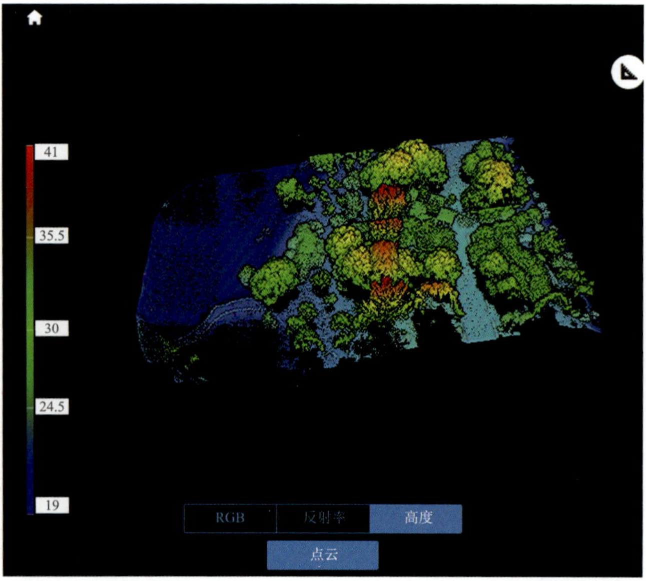

图 12.12　无人机激光雷达点云数据重建结果

采用实地测量的高度数据进行回归分析，验证建模精度。

12.4　无人机数据的采集和分析实习

12.4.1　不同海拔梯度植被覆盖度比较分析

1. 目的与意义

利用庐山海拔差异，分别在低、中、高海拔选取典型植被区域，采用无人机采集数据，计算地表覆盖度差异，让学生认识到植被覆盖度随海拔变化所产生的差异。同时，观察无人机图像中不同植被类型的占比差异，旨在增强学生对植被海拔分布差异的感性认识。

2. 实习内容

（1）带领学生踏查庐山不同海拔区域植被覆盖状况，了解不同海拔水热状况差异，思考植被随海拔变化的原因，并在此过程中选择视野相对开阔的低、中、高海拔地点，进行无人机多光谱数据采集。

（2）学生分组操作无人机，采集数据后在室内进一步分析处理数据。掌握多光谱数据的拼接、配准、正射影像校正、辐射定标等操作，并完成植被覆盖度计算过程。

（3）结合本次实习内容，收集相关资料，思考以下问题：如何将无人机拍摄的图像与实地调查的叶面积指数相结合，构建模型反演整个研究区的植被叶面积指数？如何选择地面实测数据点的分布从而有效地构建可靠的叶面积指数反演模型？

12.4.2　不同植被指数和冠层高度差异比较

1. 目的与意义

利用庐山丰富的地表覆盖类型，选取典型地表覆盖类型进行无人机多光谱数据收集，并比较分析不同地类的光谱和激光雷达点云数据差异。学生可以通过图像、图表、地图等方式进行数据可视化，以更直观地了解分析结果，并推动无人机在实际中的应用。本次实习也可以采集激光雷达数据，通过激光雷达的点云数据重建研究区植被高度模型，可以让学生进一步思考和讨论如何基于激光雷达数据完成单株树木的辨识和分离（即单木分割）等精细化分析。

2. 实习内容

（1）选取草地、湿地、森林、农田、灌丛、河流、湖泊、建筑等中至少 3 个类型进行无人机多光谱数据收集。基于采集的数据，比较分析不同地类的典型植被指数（如 NDVI）的差异。

（2）选取草地、湿地、森林、农田、灌丛、河流、湖泊、建筑等其至少 2 种冠层高度差异较大的地类进行激光雷达数据采集。基于采集的数据，比较不同地类冠层高度激光雷达点云数据的三维结构差异。

（3）从航拍图像中观察不同地表类型的植被指数、生长状况等指标。如有建筑航拍图像，观察建筑高度、景观特征等信息。结合生态学知识和实地调查经验，判别植被指数高低与植被类型是否有关系，哪些区域的植被生长较好/较差，有哪些潜在的影响因素造成植被生长的差异。

参考文献

冯兆忠，肖薇，王伟，等. 2021. 生态气象学[M]. 北京：气象出版社.

高燕，梁泽毓，王彪，等. 2019. 基于无人机和卫星遥感影像的升金湖草滩植被地上生物量反演[J]. 湖泊科学，31（2）：517-528.

国庆喜，孙龙，王传宽，等. 2010. 生态学野外实习手册[M]. 北京：高等教育出版社.

霍亚贞，李天杰. 1986. 土壤地理实验实习[M]. 北京：高等教育出版社.

万慧霖. 2008. 庐山森林生态系统植物多样性及其分布格局[D]. 北京：北京林业大学.

魏天兴,朱金兆,张学培. 1999. 林分蒸散耗水量测定方法述评[J]. 北京林业大学学报，21（3）：7.

吴雪惠，戴宇峰，汪宏，等. 2021. 庐山外来植物调查研究[J]. 生物灾害科学，44（1）：5-9.

徐树建,任丽英,董玉良,等. 2015. 土壤地理学实验实习教程[M]. 济南：山东人民出版社.

于贵瑞,孙晓敏,等. 2017. 陆地生态系统通量观测的原理与方法[M]. 2 版. 北京：高等教育出版社.

Lichtenthaler H K. 1987. Chlorophylls and carotenoids: pigments of photosynthetic biomembranes [J]. Methods in Enzymology, 148C: 350-382.

附录

庐山野外实习常见植物物种

附录一　蕨类植物

1.1　东方荚果蕨（球子蕨科东方荚果蕨属）

高大丛生蕨类。根状茎先端及叶柄基部密被鳞片。不育叶先端渐尖并为羽裂，二回深羽裂，羽片 15～20 对；可育叶有长柄，长 12～38 cm，一回羽状，羽片多数，两侧强度反卷成荚果状，在羽轴与叶边之间形成囊托，孢子囊群圆形，成熟时汇合成线形。

1.2　狗脊（乌毛蕨科狗脊属）

多年生大型蕨类。根状茎粗短，木质，直立或斜升，被棕色或褐棕色披针形大鳞片。叶簇生。叶柄粗壮，褐色，基部密被金黄色长柔毛和黄色狭长披针形鳞片。叶片卵圆形先端渐尖并为深羽裂，基部不缩狭，二回羽裂。羽片 7～13 对，互生或近对生，近平展或斜向上，无柄，披针形或线状披针形，先端渐尖，基部近对称，边缘羽裂达 1/2 或较深。裂片近下先出，三角形。

1.3 金星蕨（金星蕨科金星蕨属）

叶近生，叶柄长 15～20 cm，粗约 1.5 mm，禾秆色，多少被短毛或有时光滑；叶片披针形或阔披针形，先端渐尖并羽裂，向基部不变狭；二回羽状深裂；羽片约 15 对，平展或斜上，互生或下部的近对生，无柄。孢子囊群小，圆形，背生于侧脉的近顶部，靠近叶边。

1.4 阔鳞鳞毛蕨（鳞毛蕨科鳞毛蕨属）

植株高 40～90 cm。根茎粗壮，短而直立或斜升，密被鳞片；叶片长圆针形，长 40～55 cm，基部宽 30～35 cm，先端羽状长渐尖，二回羽片浅裂；羽片 10～15 对，小羽片 8～13 对。孢子囊群圆形，生于中肋两侧，各排成整齐的一行，靠近中肋；囊群盖圆肾形，棕色，纸质。

1.5　铁芒萁（里白科芒萁属）

蕨类。植株高可达 5 m，蔓延生长。根状茎横走，深棕色，被锈毛。叶片远生；柄深棕色，幼时基部被棕色毛，后变光滑；各回腋芽卵形，密被锈色毛，苞片卵形，边缘具三角形裂片，托叶状羽片，上部的变小，披针形或宽披针形；末回羽片形似托叶状的羽片，裂片平展，披针形或线状披针形，顶端钝，微凹，全缘，中脉下面凸起，侧脉上面相当明显。孢子囊群圆形，细小，着生于基部上侧小脉的弯弓处，由孢子囊组成。

1.6　紫萁（紫萁科紫萁属）

土生蕨类。叶纸质，干后棕绿色，叶片为三角广卵形，长 30～50 cm，顶部一回羽状，其下为二回羽状；羽片 3～5 对，小羽片 5～9 对。叶脉两面明显，二回分歧，小脉平行达锯齿。孢子叶羽片和小羽片均短缩，小羽片变成线形，沿中肋两侧密生孢子囊。

附录二　裸子植物

2.1　黄山松（松科松属）

乔木。针叶 2 针一束，稍硬直，树脂道 3～7 个，中生。雄球花圆柱形，淡红褐色，聚生于新枝下部成短穗状。球果卵圆形，长 3～5 cm，鳞脐具短刺；种子倒状椭圆形，具不规则的红褐色斑纹，连翅长 1.4～1.8 cm。

2.2　金钱松（松科金钱松属）

乔木。叶片条形扁平柔软，在长枝上呈螺旋状散生，在短枝上簇生，秋后变金黄色圆如铜钱。球果卵圆形或倒卵圆形，长 6～ 7.5 cm，径 4～5 cm，成熟前绿色或淡黄绿色，熟时淡红褐色，有短梗。

2.3　柳杉（柏科柳杉属）

乔木。大枝近轮生，平展；小枝细长，常下垂。叶钻形，略向内弯曲，四边有气孔线，长1～1.5 cm。雄球花单生于叶腋，集生于小枝上部，成短穗状花序；雌球花顶生于短枝上。球果圆球形，直径1～2 cm；种鳞20个左右，裂齿长2～4 mm，每种鳞有2粒种子。

2.4　罗汉柏（柏科罗汉柏属）

乔木。树皮薄，灰色或红褐色，裂成长条片脱落；枝条斜伸，树冠尖塔形；生鳞叶的小枝平展，扁，鳞叶质地较厚，两侧之叶卵状披针形，侧面深绿色，下侧面具一条较宽的粉白色气孔带。球果近圆球形，种鳞木质，顶端的下方具一短尖头；种子近圆形，两侧有窄翅。

2.5　马尾松（松科松属）

乔木。高可达 45 m，胸径 1.5 m；树皮红褐色，枝平

展或斜展，树冠宽塔形或伞形，枝条每年生长一轮（广东两轮），冬芽卵状圆柱形或圆柱形，针叶，细柔，微扭曲，两面有气孔线，边缘有细锯齿；叶鞘宿存。雄球花淡红褐色，圆柱形，聚生于新枝下部苞腋，穗状，雌球聚生于新枝近顶端，淡紫红色，种子长卵圆形。

2.6　南方红豆杉（红豆杉科红豆杉属）

常绿乔木。树皮淡灰色，纵裂成长条薄片；芽鳞顶端

钝或稍尖，脱落或部分宿存于小枝基部。叶 2 列，近镰刀形，长 1.5～4.5 cm，背面中脉带上无乳头角质突起，或时有零星分布，或与气孔带邻近的中脉两边有 1 至数条乳头状角质突起，颜色与气孔带不同，淡绿色，边带宽而明显。种子倒卵圆形或柱状长卵形，长 7～8 mm，通常上部较宽，生于红色肉质杯状假种皮中。

2.7　日本扁柏（柏科扁柏属）

常绿乔木。树冠尖塔形。树皮红褐色，裂成薄片，生鳞叶的小枝背面有白线或微被白粉，鳞叶先端钝，肥厚。球果圆球形，径 8～10 mm，熟时红褐色。

2.8　日本冷杉（松科冷杉属）

乔木。树皮暗灰色或暗灰黑色，粗糙，呈鳞片状开裂；大枝通常平展，树冠塔形；叶条形，直或微弯，近于辐射伸展，或枝条上面的叶向上直伸或斜展，枝条两侧及下面之叶列成两列，先端钝而微凹，上面光绿色，下面有2条灰白色气孔带；球果圆柱形，长12～15 cm，基部较宽，成熟前绿色，熟时黄褐色或灰褐色。

2.9　三尖杉（三尖杉科三尖杉属）

乔木。叶排成两列，披针状条形，常微弯，上面中脉隆起，下面气孔带白色，较绿色边带宽 3～5 倍。雄球花聚生于叶腋，有 18～24 枚苞片；雌球花的胚珠 3～8 枚可育。种子椭球形，长约 2.5 cm，假种皮成熟时紫红色。

2.10 杉木（柏科杉木属）

乔木。幼树树冠尖塔形，大树树冠圆锥形，树皮灰褐

色，裂成长条片脱落，内皮淡红色；大枝平展，小枝近对生或轮生，常呈二列状，幼枝绿色，光滑无毛。叶在主枝上辐射伸展，侧枝之叶基部扭转成二列状，披针形或条状披针形，通常微弯、呈镰状，革质、坚硬，球果卵圆形，熟时苞鳞革质，棕黄色，三角状卵形，先端有坚硬的刺状尖头，边缘有不规则的锯齿。

2.11 水杉（柏科水杉属）

落叶乔木。小枝和叶都对生。叶条形，沿中脉有两条

较边带稍宽的淡黄色气孔带，每带有 4～8 条气孔线，在侧生小枝上排成二列。球果下垂，矩圆状球形；种鳞木质，盾形，通常 11～12 对，交叉对生，能育种鳞有 5～9 粒种子；种子扁平，周围有翅，先端凹缺。

附录三　被子植物

3.1　矮桃（报春花科珍珠菜属）

多年生草本植物。株高可达40～100 cm，全株多褐色卷曲柔毛；根茎横走，淡红色；叶椭圆形或宽披针形，先端渐尖，基部渐窄，两面散生黑色腺点；苞片线状钻形，稍长于花梗，花萼裂片卵状椭圆形，花冠白色，裂片窄长圆形，雄蕊内藏，花药长圆形。

3.2　凹叶厚朴（木兰科厚朴属）

落叶乔木。叶大，近革质，7～9片聚生于枝端，倒卵状椭圆形，先端有明显凹缺；聚合果圆柱状。

3.3　菝葜（菝葜科菝葜属）

多年生藤本落叶攀附植物。茎粗硬，有粗硬的勾刺，叶互生，革质，卵形或椭圆形，叶柄上有卷须二条；伞形花序；浆果球形，红色可食。

3.4 白楠（樟科楠属）

乔木。叶披针形或倒披针形，基部渐狭下延，叶脉在上面凹陷，下面凸起，革质。

3.5 白檀（山矾科山矾属）

落叶灌木或小乔木。叶膜质或薄纸质，椭圆状倒卵形，

边缘有细尖锯齿。圆锥花序长 5～8 cm；花冠白色，5 深裂几达基部；雄蕊 40～60 枚，子房 2 室，花盘具 5 个凸起的腺点。核果熟时蓝色，稍偏斜，萼宿存。

3.6 白辛树（安息香科白辛树属）

高大乔木。树皮灰褐色，叶硬纸质，圆锥花序顶生或

腋生，花白色，花萼钟状，萼齿披针形，花瓣长椭圆形或椭圆状匙形，花丝宽扁，花药长圆形，果近纺锤形。

3.7　博落回（罂粟科博落回属）

直立高大草本。基部木质化，具乳黄色浆汁。叶片宽卵形，长5～27 cm，常7～9深裂，背面多白粉，基出5脉。大型圆锥花序，长 15～40 cm。萼片倒卵状长圆形，黄白色；无花瓣；雄蕊 24～30 枚，花丝丝状；柱头 2 裂。蒴果狭倒卵形，长 1.3～3 cm。有毒。

3.8　茶（山茶科山茶属）

灌木。嫩枝无毛；叶革质，长圆形或椭圆形，先端钝或尖锐，基部楔形，侧脉 5～7 对，边缘有锯齿；花 1～3 朵腋生，白色；苞片 2 片，早落；萼片 5 片，阔卵形至圆形；花瓣 5～6 片，阔卵形；雄蕊长 8～13 mm，基部连生 1～2 mm；子房密生白毛；花柱无毛，先端 3 裂，裂片长 2～4 mm；蒴果球形。

3.9 豺皮樟（樟科木姜子属）

常绿灌木和乔木。树皮灰褐色或黑褐色。小枝圆柱形，

叶散生，叶片卵状长圆形，上面绿色，光亮，无毛，下面粉绿色，叶柄粗短。伞形花序簇生叶腋，花序有花，花小，花被筒杯状，花被裂片倒卵状圆形，果球形。

3.10 川榛（桦木科榛属）

落叶大灌木或小乔木。小枝黄褐色，密被短柔毛，老

枝无毛。叶长圆形至宽卵形，长4～15 cm，宽4～8 cm，先端圆，叶柄长1～2 cm，被短柔毛，叶边缘有不规则的重锯齿，叶脉下陷。果1～6个，簇生。

3.11 楤木（五加科楤木属）

灌木或乔木。枝叶上通常有短刺；叶为二至三回羽状复叶，小叶卵形；花白色；果实球形。植株有毒。

3.12　大青（唇形科大青属）

灌木或小乔木。单叶对生，叶长圆状披针形；伞房状聚伞花序，花萼粉红色宿存，花冠白色，雄蕊 4 枚，与花柱同伸出花冠外；果实球形蓝紫色。

3.13　雷公鹅耳枥（桦木科鹅耳枥属）

落叶乔木或小乔木。叶椭圆状卵形、卵形或椭圆形，基部圆形或心形，侧脉 12～15 对，重锯齿较粗。果序长 5～15 cm，果苞半卵状披针形或半卵状长圆形，外缘具尖锯齿；小坚果无毛。

3.14　单叶蔓荆（唇形科牡荆属）

落叶灌木。小枝四棱形，密生细柔毛。通常三出复叶，有时在侧枝上可有单叶，叶柄长 1～3 cm；小叶片卵形、倒卵形或倒卵状长圆形，顶端钝或短尖，基部楔形，全缘，表面绿色，无毛或被微柔毛，背面密被灰白色绒毛，圆锥花序顶生，长 3～15 cm，花序梗密被灰白色绒毛；花萼钟形，顶端 5 浅裂，外面有绒毛；花冠淡紫色或蓝紫色。核果近圆形，成熟时黑色；果萼宿存，外被灰白色绒毛。

3.15 杜英（杜英科杜英属）

常绿乔木。树皮平滑且呈褐色。树冠多为伞状扁球形或层塔状，单叶互生，常在枝端呈螺旋状聚生，叶片革质，披针形或倒披针形，自中部向两端渐狭，叶边有小锯齿，两面光滑无毛，表面深绿色，背面浅绿色。核果纺锤形，两端尖。

3.16 灯台树（山茱萸科山茱萸属）

落叶乔木。叶互生，纸质，阔卵形，全缘，下面密被

淡白色平贴短柔毛，侧脉 6～7 对。伞房状聚伞花序顶生；花小，白色，长圆披针形；子房下位，被灰白色贴生短柔毛。核果球形，成熟时紫红色至蓝黑色。

3.17 山橿（樟科山胡椒属）

落叶灌木或小乔木。叶互生，通常倒卵状椭圆形或狭椭圆形，羽状脉。伞形花序着生于叶芽两侧各一，具总梗；总苞片 4 片，内有花

约 5 朵。花梗长 4～5 mm，密被白色柔毛；花被片 6 枚，黄色。果球形，直径约 7 mm，熟时红色。

3.18　枹栎（壳斗科栎属）

落叶乔木。树皮暗灰褐色，不规则深纵裂。幼枝有黄色绒毛，后变无毛。单叶互生，叶片长椭圆状披针形或披针形，叶边缘具粗锯齿，齿端微内弯，叶片下面灰白色，被平伏毛。

3.19　豆梨（蔷薇科梨属）

乔木。株高达 8 m，幼枝有绒毛，叶宽卵形至卵形，稀长椭圆形，花 6～12 朵组成伞形总状花序，花序梗无毛，苞片膜质，线状披针形，花瓣白色，梨果球形，黑褐色。

3.20　椴树（椴树科椴树属）

乔木。树皮灰色，直裂；小枝近秃净，顶芽无毛或有微毛，叶宽卵形，聚伞花序长，无柄，萼片长圆状披针形，果球形。

3.21 鹅掌楸（木兰科鹅掌楸属）

落叶大乔木。小枝灰色或灰褐色。叶形如马褂,叶片的顶部平截,犹如马褂的下摆;叶片的两侧平滑或略微弯曲，好像马褂的两腰；叶片的两侧端向外突出,仿佛是马褂伸出的两只袖子。故鹅掌楸又称马褂木。花单生枝顶，花被片 9 枚，外轮 3 片萼状，绿色，内二轮花瓣状黄绿色，基部有黄色条纹，形似郁金香。

3.22 枫香（蕈树科枫香树属）

落叶乔木。叶薄革质,阔卵形，掌状 3 裂，先端尾尖；掌状脉 3～5 条。雄性短穗状花序常多个排成总状，雄蕊多数。雌性头状花序有花 24～40 朵；子房下半部藏在花序轴内。头状果序圆球形，木质，直径 3～4 cm，有宿存花柱及针刺状萼齿。

3.23　拂子茅（禾本科拂子茅属）

多年生草本。具根状茎，秆直立，平滑无毛或花序下稍粗糙，叶鞘平滑或稍粗糙，短于或基部者长于节间，圆锥花序紧密，圆筒形，劲直、具间断，小穗长 5～7 mm，淡绿色或带淡紫色；花药黄色。

3.24　番薯（旋花科番薯属）

缠绕草质藤本。地下块茎顶分枝末端膨大成卵球形的块茎，外皮淡黄色，光滑。单叶互生，叶形可分为心脏、三角与掌状等。雄花序为穗状花序，单生，长约 15 cm，雄花无梗或具极短的梗，雌穗状花序单生于上部叶腋，长达 40 cm，下垂，花序轴稍有棱。

3.25　葛（豆科葛属）

粗壮藤本。全体被黄色长硬毛。羽状 3 小叶，小叶 3 裂或偶全缘；托叶背着总状花序长 15～30 cm，每节有花 2～3 朵；花冠长 10～12 mm，紫色，旗瓣倒卵形基部有2耳及黄色硬痂状附属体。荚果扁平，长5～9 cm，被褐色长硬毛。

3.26 狗牙根（禾本科狗牙根属）

多年生草本植物。具有根状茎和匍匐枝，叶片平展、披针形，穗状花序3～6枚呈指状排列于茎顶。

3.27 构树（桑科构属）

落叶乔木。叶螺旋状排列，长椭圆状卵形，长6～18 cm，基部心形，边缘具粗齿，常兼有不裂和3～5裂，基出3脉。雌雄异株；雄花序为柔荑花序，粗壮，长3～8 cm，花被和雄蕊各4枚；雌花序球形头状。聚花果直径1.5～3 cm，成熟时橙红色，肉质。

3.28 海桐（海桐科海桐属）

常绿小乔木或灌木。叶多数聚生枝顶，狭倒卵形，顶端稍钝；花白色或带黄绿色；蒴果卵球形，成熟时三瓣裂，露出鲜红色种子。

3.29　厚皮香（五列木科厚皮香属）

灌木或小乔木。高 2～10 m，胸径可达 30 cm，全株无毛；树皮灰褐色或黑褐色，平滑；嫩枝粗壮，圆柱形，淡红褐色，小枝灰褐色。叶互生，厚革质且肥厚，椭圆状卵圆形，阔椭圆形、倒卵形、倒卵圆形至几圆形。花单朵生于叶腋，杂性，花梗稍弯曲；雄花：小苞片 2 枚，卵圆形、卵状三角形或卵形。果实扁球形，长 1.5～1.8 cm，直径 1.6～2 cm，果梗粗壮，长 1.5～2 cm，粗约 3 mm；种子近肾形，长 7～8 mm，直径约 6 mm，成熟时假种皮鲜红色。

3.30　红茴香（五味子科八角属）

常绿灌木或小乔木。花亮红色，1～3 朵聚生叶腋或枝顶。树皮灰褐色至灰白色。芽近卵形。叶互生或 2～5 片簇生，革质，倒披针形，长披针形或倒卵状椭圆形。

3.31　湖北山楂（蔷薇科山楂属）

乔木或灌木。高达3～5 m，枝条开展；叶片卵形至卵状长圆形，伞房花序，具多花；花瓣卵形，白色；花药紫色，花柱5个，柱头头状。果实近球形，深红色，小核5个，两侧平滑。

3.32　湖北算盘子（叶下珠科算盘子属）

灌木。除叶柄外，全株均无毛。叶片纸质，斜披针形，长3～10 cm。花绿色雌雄同株，簇生于叶腋；雄花梗长约8 mm，萼片6枚；雌花花梗短，子房6～8室，花柱合生呈圆柱状，顶端多裂。蒴果扁球状；种子近三棱形，红色。

3.33　虎杖（蓼科虎杖属）

多年生直立草本。茎粗壮，空心，散生紫红色斑点。叶宽卵形，近革质；托叶鞘膜质，偏斜。花雌雄异株，花序圆锥状，腋生；苞片漏斗状，每苞内具2～4朵花；花被5深裂，雄蕊8枚；雌花花被片外面3片背部具翅，结果时增大；花柱

3 个，柱头流苏状。

3.34 黄花蒿（菊科蒿属）

一年生草本植物。根单生，茎高 100～200 cm，多分枝，叶纸质，头状花序球形，多数，总苞片 3～4 层，花深黄色，两性花 10～30 朵，瘦果小，椭圆状卵形，略扁。

3.35 黄檀（豆科黄檀属）

乔木。羽状复叶长 15～25 cm；小叶 3～5 对，近革质，椭圆形至长圆状椭圆形。圆锥花序连总花梗长 15～20 cm；花萼钟状，萼齿 5 枚，最下 1 枚披针形，长 2 倍于其他；花冠白色或淡紫色；雄蕊 10 枚，呈 5+5 的二体。荚果长圆形，有 1～3 粒种子。

3.36 鸡屎藤（茜草科鸡屎藤属）

藤状灌木。有臭味。叶对生，膜质，卵形或披针形。圆锥花序长 6～18 cm；花有小梗，生于柔弱的三歧常作蝎尾状的聚伞花序上；花冠紫蓝色，无毛或近无毛，果椭圆形，压扁，小坚果浅黑色，具 1 阔翅。

3.37　檵木（金缕梅科檵木属）

灌木或小乔木。叶革质，卵形，长 2～5 cm，不等侧，

下面被星毛，侧脉约 5 对，全缘。花 3～8 朵簇生，有短梗，白色；花瓣 4 枚，带状，长 1～2 cm；雄蕊 4 枚，花丝极短，药隔突出呈角状；退化雄蕊 4 枚，鳞片状，与雄蕊互生；子房完全下位，被星状毛。蒴果卵圆形，萼筒长为蒴果的 2/3。

3.38　鸡爪槭（槭树科槭属）

落叶小乔木。树冠伞形。树皮平滑且深灰色。小枝紫

或淡紫绿色，老枝淡灰紫色。叶近圆形，基部心形或近心形，掌状，常 7 深裂，密生尖锯齿。后叶开花；花紫色，杂性，雄花与两性花同株；伞房花序。萼片卵状披针形；花瓣椭圆形或倒卵形。幼果紫红色，熟后褐黄色，果核球形，脉纹显著，两翅成钝角。

3.39　荚蒾（忍冬科荚蒾属）

落叶灌木。单叶对生叶宽倒卵形，缘具波状锯齿，叶两面具星毛，叶柄长 1～1.5 cm；顶生复伞形花序，花白色；核果浆果状，红色，近球形。

3.40　交让木（虎皮楠科虎皮楠属）

灌木或小乔木。叶革质，长圆形至倒披针形，侧脉纤细而密，12～18 对；叶柄紫红色，粗壮。雄花序长 5～7 cm，雄花花梗长约 0.5 cm；雄蕊 8～10 枚；雌花序长 4.5～8 cm；核果椭圆形，柱头宿存。

3.41　接骨草（荚蒾科接骨木属）

高大草本或半灌木。茎有棱，髓部白色。托叶叶状或退化成蓝色腺体，羽状复叶有小叶 2～3 对；顶生小叶有时与第一对小叶相连。复伞形花序大而疏散；杯形不孕花不脱落，可孕花小；萼筒杯状；花冠白色，基部联合。果实红色。

3.42　金鸡菊（菊科金鸡菊属）

多年生宿根草本。叶对生。花单生或疏圆锥花序，舌状花，黄、棕或粉色，瘦果有翅，内外轮总苞长略相等。

3.43　金樱子（蔷薇科蔷薇属）

常绿攀缘灌木。小枝粗壮，散生扁弯皮刺，无毛。小

叶革质；小叶片椭圆状卵形、倒卵形或披针状卵形，边缘有锐锯齿，上面亮绿色，无毛，下面黄绿色；托叶离生或基部与叶柄合生，披针形，边缘有细齿。花单生于叶腋，花瓣白色，宽倒卵形，先端微凹；果梨形、倒卵形，稀近球形，紫褐色，外面密被刺毛。

3.44　锦带花（忍冬科锦带花属）

灌木。芽具 3～4 对鳞片。叶矩圆形至倒卵状椭圆形，

长 5～10 cm 有锯齿，下面密生短柔毛或绒毛。花单生或成聚伞花序；萼筒长圆柱形；花冠紫红色；子房上部的腺体黄绿色。蒴果有短喙。

3.45　阔叶十大功劳（小檗科十大功劳属）

常绿灌木。全体无毛，枝丛生直立。奇数羽状复叶，伞形开展，小叶 9 ~ 15 枚，卵形至卵状椭圆形，叶缘反卷，每边有大刺齿 2 ~ 5 个，侧生小叶基部歪斜，叶表面绿色，有光泽，背面被白粉，坚硬革质。花黄色，有香气，总状花序直立。浆果卵形，有白粉，蓝黑色。

3.46　蜡瓣花（金缕梅科蜡瓣花属）

落叶灌木。叶薄革质，倒卵形，长 5～9 cm，基部不等侧心形，下面有灰褐色星状柔毛，侧脉 7～8 对，边缘有锯齿。总状花序长 3～4 cm；筒有星状绒毛，萼齿无毛花瓣匙形，长 5～6 mm；退化雄蕊 2 裂。果序长 4～6 cm，蒴果近圆球形，被褐色柔毛。

3.47 蓝果树（蓝果树科蓝果树属）

落叶乔木。树皮灰褐色，有明显皮孔。叶纸质，椭圆形或卵状椭圆形；聚伞总状花序腋生，花小，绿白色；核果矩圆形，蓝黑色。

3.48 狼尾草（禾本科狼尾草属）

从生草本。叶舌具长约 2.5 mm 纤毛；叶片线形，长 10～80 cm。圆锥花序狭长，主轴密生柔毛；总苞状刚毛粗糙，淡绿色或紫色，长 1.5～3 cm；小穗常单生总梗长 1～3 mm。

3.49 庐山芙蓉（锦葵科木槿属）

落叶灌木或小乔木，高度 1～4 m，最高可达 5 m，直径可达 5 cm。叶片状如手掌，似棉花叶。花冠呈白色，内面基部带紫红色，花型很大，直径可达 12 cm，单瓣，花瓣倒卵形，长可达 7 cm，花的数量不如棉花多。果实也和棉花相似，长圆状卵圆形。

3.50　马银花（杜鹃花科杜鹃属）

常绿灌木。叶革质，卵形，顶端短尖而微凹；花单生叶腋，紫白色，雄蕊 5 枚，子房密被刚毛，花柱无毛。

3.51　茅栗（壳斗科栗属）

小乔木或灌木。小枝暗褐色，托叶细长，叶片倒卵状椭圆形或兼有长圆形的叶，顶部渐尖，叶背有黄或灰白色鳞腺，幼嫩时沿叶背脉两侧有疏单毛；雄花簇有花；雌花单生或生于混合花序的花序轴下部，花柱无毛；成熟壳斗宽略过于高，坚果无毛或顶部有疏伏毛。

3.52　毛竹（禾本科刚竹属）

常绿乔木状竹类。地下茎为单轴散生。竿高达 20 m，粗者可达 20 cm，幼竿密被细柔毛及厚白粉，箨环有毛，老竿无毛，并由绿色渐变为绿黄色；基部节间甚短而向上则逐节较长，中部节间长达 40 cm 或更长，壁厚约 1 cm（但有变异）；竿环不明显，低于箨环或在细竿中隆起。

3.53 美丽胡枝子（豆科胡枝子属）

直立灌木。小叶长圆状椭圆形。总状花序单生或构成顶生圆锥花序；总花梗长可达10 cm；花冠红紫色，长1～1.5 cm；荚果倒卵形，表面具网纹和疏柔毛。

3.54 木槿（锦葵科木槿属）

落叶灌木。植株较高大，小枝上有黄色星状绒毛，叶菱形卵状，托叶线形且有柔毛；花单生于枝端叶腋间，花萼和花均为钟形，花淡紫色，呈倒卵形，外面也有纤毛和星状长柔毛；果实卵圆形，有黄色星状绒毛；种子肾形，背部有黄白色长柔毛。

3.55 南蛇藤（卫矛科南蛇藤属）

落叶藤状灌木。小枝光滑无毛，灰棕色或棕褐色，腋芽小，卵状到卵圆状，叶通常阔倒卵形，近圆形或长方椭圆形，边缘具锯齿，两面光滑无毛或叶背脉上具稀疏短柔毛，聚伞花序腋生，花小，雄花萼片钝三角形；花瓣倒卵椭圆

形或长方形，花盘浅杯状，雌花花冠较雄花窄小，肉质，子房近球状，蒴果近球状，种子椭圆状稍扁，赤褐色。

3.56　糯米团（荨麻科糯米团属）

多年生草本。叶对生，叶片草质或纸质，宽披针形至椭圆形，基出脉 3～5 条团伞花序腋生；雄花花梗长 1～4 mm；花被和雄蕊各 5 枚；退化雌蕊极小，圆锥状。雌花花被菱状狭卵形，顶端有 2 齿，果期呈卵形。

3.57　朴树（大麻科朴属）

落叶乔木。叶厚纸质至近革质，卵形或卵状椭圆形，基部仅稍偏斜，先端渐尖近全缘至具钝齿。果梗常 1～3 枚生于叶腋；果成熟时黄色至橙黄色，近球形，直径 5～7 mm；核近球形，具 4 条肋，表面有网孔状凹陷。

3.58　牵牛（旋花科番薯属）

一年生缠绕草本。该植物的花酷似喇叭状，因此有些地方叫它喇叭花。牵牛花叶子三裂，基部心形。花呈白色、紫红色或紫

蓝色，漏斗状，全株有粗毛。

3.59 青冈（壳斗科青冈属）

常绿乔木。树皮平滑不裂；小枝青褐色，无棱，幼时有毛，后脱落。叶片革质，倒卵状椭圆形，顶端渐尖或短尾尖，叶缘中部以上有疏锯齿，果序长 1.5～3 cm，着生果 2～3 个。壳斗碗形，包着坚果 1/3～1/2，小苞片合生成 5～6 条同心环带。坚果卵形，高 1～1.6 cm，果脐平坦或微凸起。

3.60 青榨槭（无患子科槭属）

落叶乔木。叶纸质，长圆形，先端常有尖尾，基部近心形或圆形，缘不整齐的钝圆齿。花黄绿色，杂性，雄花与两性花同株，呈下垂的总状花序，还生于叶腋，翅果成熟后黄褐色，连同小坚果共长 2.5～3 cm，展开成钝角或几近平行。

3.61　三花悬钩子（蔷薇科悬钩子属）

藤状灌木。疏生皮刺。单叶，卵状披针形或长圆状披针形，常3裂，基部有3脉，花常3朵，有时为短总状花序；花直径 1～1.7 cm；萼片三角形，顶端长尾尖；花瓣长圆形白色；雄蕊多数，花丝宽扁；雌蕊 10～50 枚。果实近球形，红色。

3.62　三脉紫菀（菊科紫菀属）

多年生草本。根状茎粗壮。茎直立，高 40～100 cm，上部有时屈折，有上升或开展的分枝。下部叶在花期枯落，叶片宽卵圆形，渐狭成长柄。头状花序径 1.5～2 cm，排列成伞房或圆锥伞房状。总苞倒锥状或半球状，径 4～10 mm，长 3～7 mm；总苞片3层，覆瓦状排列，线状长圆形，下部近革质或干膜质，上部绿色或紫褐色。舌状花十余个，紫色，浅红色或白色，管状花黄色。瘦果倒卵状长圆形，灰褐色。

3.63 三桠乌药（樟科山胡椒属）

落叶乔木或灌木。叶互生，近圆形，常明显 3 裂，网脉明显。花芽内有花序 5～6 朵，混合芽内有花芽 1～2 个。果广椭圆形，红色变紫黑色。

3.64 山胡椒（樟科山胡椒属）

落叶灌木或小乔木。叶互生，宽椭圆形至狭倒卵形，

下面被白色柔毛，纸质羽状脉，侧脉每侧 4～6 条。伞形花序腋生，每总苞有 3～8 朵花。花被片黄色。果黑褐色。果梗长 1～1.5 cm。

3.65 山莓（蔷薇科悬钩子属）

直立灌木。枝具皮刺，单叶，卵形至卵状披针形，有不规则锐锯齿。花单生或少数生于短枝上；花直径可

达 3 cm；花瓣长圆形，白色；雄蕊多数，花丝宽扁；雌蕊多数，子房有柔毛。聚合果近球形，成熟时红色。

3.66　薯蓣（山药）（薯蓣科薯蓣属）

缠绕草质藤本。单叶，在茎下部的互生，中部以上的对生；叶片变异大，基部心形，边缘常3裂。叶腋内常有珠芽。雌雄异株。雄花序为穗状花序，2～8个着生于叶腋；花序轴呈“之”字状曲折；苞片和花被片有紫褐色斑点。雌花序为穗状花序，1～3个着生于叶腋。蒴果不反折，三棱状扁圆形。

3.67　四照花（山茱萸科山茱萸属）

落叶小乔木。叶对生，厚纸质，卵状椭圆形，先端有尖尾，背面粉绿色，脉腋具黄色绢状毛。头状花序由40～50朵花聚集而成；苞片白色；花萼管状，内侧有圈褐色短柔毛，上部4裂；子房下位，花柱密被白色粗毛。果序球形，成熟时红色。

3.68　溲疏（绣球科溲疏属）

灌木。叶纸质，卵形或卵状披针形，上面疏被4～5辐线的星状毛，下面被稍密10～15辐

线的星状毛，毛被不连续覆盖。圆锥花序，萼筒杯状；花瓣白色，花蕾时内向镊合状排列。蒴果半球形疏被星状毛。

3.69　甜槠（壳斗科锥属）

乔木。小枝有皮孔甚多，枝、叶均无毛。叶革质，呈卵形、披针形或长椭圆形，当年生叶两面同色，二年生叶

的叶背常带淡薄的银灰色。雄花序穗状或圆锥花序，花序轴无毛，花被片内面有疏柔毛；壳斗呈阔卵形，坚果呈阔圆锥形，无毛，果脐位于坚果的底部。

3.70　乌蔹莓（葡萄科乌蔹莓属）

多年生草质藤本。小枝圆柱形，有纵棱纹，无毛或微被疏柔毛。卷须 2～3 叉分枝，相隔 2 节间断与叶对生。

叶为鸟足状，中央小叶长椭圆形或椭圆披针形；花序腋生，复二歧聚伞花序；果实近球形，直径约 1 cm；种子三角状倒卵形，顶端微凹，基部有短喙。

3.71　五味子（五味子科五味子属）

落叶木质藤本。茎皮孔明显，小枝褐色稍具棱角，叶卵形，在老枝上的簇生，在幼枝上的互生；开乳白色或淡红色小花；聚合浆果呈穗状，成熟后为紫红色。

3.72　下江忍冬（忍冬科忍冬属）

落叶灌木。冬芽外鳞片 5 对，最上 1 对增大。叶厚纸质，菱状椭圆形或宽卵形。苞片钻形；相邻两萼筒合生，具缘毛及疏腺；花冠白色，基部微红，有浅囊，二唇形长 10～12 mm，内面有密毛；花丝基部有毛。相邻两果实近合生，橘红色；种子 1～2 颗。

3.73　香果树（茜草科香果树属）

落叶大乔木。叶纸质或革质，阔椭圆形，对生，全缘，下面脉腋内常有簇毛圆锥状聚伞花序顶生；变态叶状萼白色，匙状卵形，有数条纵向脉和长柄；花芳香，花冠漏斗形，花丝被绒毛。蒴果近纺锤形，种子小。

3.74 粉花绣线菊（蔷薇科绣线菊属）

灌木。叶片卵形至卵状椭圆形，先端急尖至短渐尖，

叶柄具短柔毛；复伞房花序生于当年生的直立新枝顶端，苞片披针形至线状披针形，花萼外面有稀疏短柔毛，萼筒钟状，萼片三角形，粉红色花瓣卵形至圆形，花盘圆环形。

3.75 萱草（阿福花科萱草属）

多年生草本。叶基生，二列，带状。花葶从叶丛中央抽出，顶端具总状或假一歧状的圆锥花序；花橘红色至橘

黄色，近漏斗状；花被裂片 6 枚，内花被裂片下部有“∧”形彩斑。蒴果钝三棱状椭圆形，表面常略具横皱纹，室背开裂。

3.76　鸭跖草（鸭跖草科鸭跖草属）

一年生披散草本。茎匍生根，多分枝。叶披针形。总苞片佛焰苞状，折叠状展开后为心形；聚伞花序，下面一枝仅有花 1 朵，不孕；上面一枝具花 3～4 朵，几乎不伸出佛焰苞。花瓣深蓝色，内面 2 枚具爪。蒴果椭圆形。

3.77　盐麸木（漆树科盐麸木属）

落叶小乔木或灌木。奇数羽状复叶有小叶 3～6 对，叶轴具宽翅，边缘具粗齿。圆锥花序宽大，多分枝，雌花序较短，密被锈色柔毛；花白色。核果球形，略压扁，被具节柔毛和腺毛，成熟时红色。

3.78　野鸦椿（省沽油科野鸦椿属）

落叶小乔木或灌木。枝叶揉碎后有恶臭味。叶对生，奇数羽状复叶，厚纸质，边缘具疏腺齿。圆锥花序顶生，花密集，黄白色；萼片与花瓣均 5 枚；蓇葖果长 1～

2 cm，果皮软革质，紫红色，有纵脉，假种皮肉质，黑色有光泽。

3.79　一把伞南星（天南星科天南星属）

直立草本。块茎扁球形。叶 1～2 枚，叶柄中部以下具鞘，叶片放射状分裂，裂片无定数。佛焰苞绿色，常有线形尾尖。肉穗花序单性；各附属器棒状，向两头略狭，长 2 cm 左右，下部具中性花。果序柄下弯或直立，浆果红色。

3.80　一年蓬（菊科飞蓬属）

一至二年生高大草本。上部有分枝，被开展长硬毛。叶长圆状披针形，边缘有不规则的齿或近全缘。头状花序数个排列成疏圆锥花序，总苞半球形，总苞片 3 层；外围雌花舌状，2 层，舌片平展，白色或淡蓝色；中央两性花管状，黄色。

3.81　映山红（杜鹃花科杜鹃属）

半常绿灌木。高 1.5～2.5 m；枝开展，淡灰褐色，被淡棕色糙伏毛。叶薄革质，椭圆状长圆形至椭圆状披针形或长圆状倒披针形，伞形花序顶生，有花 1～5 朵；花梗密被淡黄褐色长柔毛；花萼大，绿色，5 深裂，裂片披针形，被糙伏毛；花冠玫瑰紫色，阔漏斗形。

3.82　油茶（山茶科山茶属）

灌木或中乔木。叶革质，先端尖而有钝头，中脉有粗毛或柔毛，边缘有细锯齿，花顶生，花瓣白色，5～7 片，倒卵形，先端凹入或 2 裂。蒴果卵圆形，每室有种子 1～2 粒。

3.83　蕺菜（三白草科蕺菜属）

多年生草本。高 30～50 cm，全株有腥臭味；茎上部直立，常呈紫红色，下部匍匐，节上轮生小根。叶互生，薄纸质，有腺点，背面尤甚，卵形或阔卵形，基部心形，全缘，背面常紫红色。花小，夏季开，无花被，排成与叶对生、长约 2 cm 的穗状花序，总苞片 4 片，生于总花梗之顶，白色，花瓣状，花丝长，下部与子房合生，蒴果近球形，顶端开裂，具宿存花柱。

3.84　八角麻（荨麻科苎麻属）

亚灌木或多年生草本。茎高 50～150 cm，中部以上与叶柄和花序轴密被短毛。叶对生，稀互生；叶片纸质，扁五角形或扁圆卵形，茎上部叶常为卵形，顶部三骤尖或三浅裂，基部截形、浅心形或宽楔形，边缘有粗锯齿，上面粗糙，有糙伏毛，下面密被短柔毛，侧脉 2 对。穗状花序单生叶腋，或同一植株的全为雌性，或茎上部的雌性，其下部的为雄性，分枝呈圆锥状或不分枝；团伞花序直径 1～2.5 mm。

3.85　长叶冻绿（鼠李科裸芽鼠李属）

落叶灌木或小乔木。叶纸质，倒卵状椭圆形，顶端渐尖、尾尖或骤缩成短尖，边缘具圆齿或细齿，侧脉每边 7～12 条。花数个密集成聚伞花序，总花梗长 4～10 mm；花瓣近圆形，顶端 2 裂。核果倒卵状球形，成熟时黑色或紫黑色。

3.86　芝麻（芝麻科芝麻属）

一年生直立草本植物。高可达 150 cm，分枝或不分枝，中空或具有白色髓部，微有毛。叶矩圆形或卵形，中部叶有齿缺，上部叶近全缘；花单生或叶腋生。花萼裂片披针形，花冠筒状，白色而常有紫红色或黄色的彩晕。子房上位，蒴果矩圆形，种子有黑白之分。